贵州省耕地资源信息化平台建设初探

陈维榕 著

U0349238

中国农业科学技术出版社

图书在版编目（CIP）数据

贵州省耕地资源信息化平台建设初探 / 陈维榕著. --北京：
中国农业科学技术出版社，2022.8
　　ISBN 978-7-5116-5848-7

Ⅰ.①贵…　Ⅱ.①陈…　Ⅲ.①耕地资源－信息化－体系
建设－研究－贵州　Ⅳ.①F323.211-39

中国版本图书馆CIP数据核字（2022）第 134349 号

责任编辑　李　华
责任校对　李向荣　贾若妍
责任印制　姜义伟　王思文

出　版　者　中国农业科学技术出版社
　　　　　　北京市中关村南大街 12 号　　邮编：100081
电　　　话　（010）82109708（编辑室）　　（010）82109702（发行部）
　　　　　　（010）82109709（读者服务部）
网　　　址　https://castp.caas.cn
经　销　者　各地新华书店
印　刷　者　北京建宏印刷有限公司
开　　　本　170 mm×240 mm　1/16
印　　　张　9.75
字　　　数　143 千字
版　　　次　2022 年 8 月第 1 版　　2022 年 8 月第 1 次印刷
定　　　价　65.00 元

前　言

　　耕地，是人类赖以生存的基本资源和条件，是土地资源中最宝贵的自然资源，耕地保护关系到国家粮食安全、农产品质量安全及生态安全，关系到农民的长远生计，是保障社会经济可持续发展、满足人民日益增长的物质需要的必要基础，耕地更是粮食生产的"命根子"。人多地少的国情，使我国耕地保护工作一直处于较大压力之下。耕地资源信息化是农业农村信息化的重要组成部分，也是促进耕地资源监测保护高质量发展的重要途径。耕地资源监测保护工作，要紧紧依托大数据、人工智能等信息化技术，谋划新发展。目前，贵州省耕地资源信息化水平总体还比较低，因此，如何推进现代信息技术与耕地资源监测保护工作深度融合，提升耕地质量信息化水平，成为当前耕地质量信息化建设的重要任务。

　　贵州省耕地资源信息化平台，运用大数据、云计算、移动互联网、物联网等现代信息技术手段，整合多渠道耕地资源数据，建立统一的标准体系和分布式数据架构，以互联网、物联网为依托，以标准制度和安全体系为保障，监测监管、辅助决策、信息服务为功能核心，形成上下贯穿、互联互通的贵州省耕地信息化应用体系，实现全覆盖、全流程、全要素的一个数据中心、一个管理平台、多个应用系统的服务模式，提高耕地利用、保护和管理的信息化、智能化、现代化，做到精准管理、科学决策，满足平台服务化、可信化、云化、智能化、可视化5个维度的总体规划。

本书撰写目的，一是对团队前期的相关研发成果进行阶段性整理和总结，以便查找不足，继续前进；二是作为一份交流材料，请读者及专家批评指正。全书围绕贵州省耕地资源展开，分为7章，第一章主要介绍了贵州省耕地资源情况、信息化背景、意义、现状和面临的问题；第二章阐述了平台需求、建设目标、思路与原则；第三章介绍了平台建设中涉及的信息化技术；第四章介绍了平台实现中的总体要求、架构和安全保障；第五章介绍了贵州省耕地资源数据中心建设过程；第六章介绍了贵州省耕地资源信息化平台中的管理平台实现关键部分和主要功能；第七章介绍了贵州省耕地资源信息化平台中多个应用系统的建设关键步骤及主要实现功能。

在本书的撰写过程中，得到贵州省农业科技信息研究所赵泽英所长的大力支持及团队所有成员的辛苦付出，在此表示衷心的感谢！

著　者

2022年6月

目　录

第一章

绪　论

第一节　贵州省耕地资源介绍

随着人口数量的与日俱增，工业化和城镇化进程的加快，建设用地占用大量耕地，贵州省耕地面积从2010年以来逐年呈下降状态，据第三次全国国土调查，贵州省耕地为5 208.93万亩*、林地16 815.16万亩、草地282.45万亩、湿地10.72万亩、城镇村及工矿用地1 158.77万亩、交通运输用地496.45万亩、水域及水利设施用地383.11万亩，耕地仅占全省土地面积的21.39%，见图1-1。

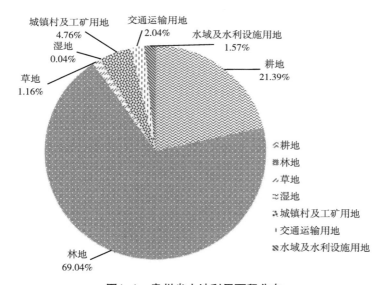

图1-1　贵州省土地利用面积分布

由于贵州地处喀斯特山区，属亚热带季风气候带，地势大体西北部高，东部、南部及东南部低，河流流经地域的地貌类型变化明显，使得河谷从上游至下游，常出现峡谷、嶂谷和宽谷交错分布。同时，由于河流走向和地理经纬度的不同，河谷生物气候条件也出现明显的变化，造成贵州省各地河谷土壤类型较多、区域分布差异明显，从亚热带的红

＊　1亩≈667m²，全书同。

壤到暖温带的棕壤都有分布。中部及东部广大地区为湿润性常绿阔叶林带，以黄壤为主；西南部为偏干性常绿阔叶林带，以红壤为主；西北部为具北亚热成分的常绿阔叶林带，多为黄棕壤。此外，还有石灰土和紫色土、粗骨土、水稻土、棕壤、潮土、泥炭土、沼泽土、石炭、石质土、山地草甸土、红黏土、新积土等土类。对农业生产而言，因贵州省独特的地理位置，山地和丘陵占了总面积的92.5%，地形地貌十分复杂，地块散碎，陡坡耕地占比大，耕地质量也较为低下，贵州省土壤资源数量明显不足，可用于农、林、牧业的土壤仅占全省总面积的83.7%。

第二节　信息化背景与意义

一、耕地资源信息化背景

耕地是土地资源中最宝贵的自然资源，耕地质量关系到国家粮食安全、农产品质量安全及生态安全，是保障社会经济可持续发展、满足人民日益增长的物质需要的必要基础，耕地更是粮食生产的"命根子"。人多地少的国情，使我国耕地保护工作一直处于较大压力之下。当前，我国正处在工业化、城镇化快速推进阶段，保护耕地的压力越来越大。这些年，工业化、城镇化占用了大量耕地，虽说国家对耕地有占补平衡的法律规定，但占多补少、占优补劣、占近补远、占水田补旱地等情况普遍存在，特别是花了很大代价建成的旱涝保收的高标准农田也被成片占用。耕地红线不仅是数量上的，而且是质量上的。保护耕地要从两个方面着手：一个是数量稳定。就是要落实最严格的耕地保护制度，扎紧耕地保护的"篱笆"，坚决守住18.65亿亩耕地红线。另一个是质量提升。就是要大规模开展高标准农田建设，实施耕地质量保护与提升行动，开展土壤改良、地力培肥、治理修复，遏制耕地退化趋势，提升耕地质量。特别是要把最优质的耕地划为永久基本农田，实行永久保护、永续利用。

习近平总书记在2017年12月28日中央农村工作会议上指出，保障粮食安全，关键是要保粮食生产能力，确保需要时能产得出、供得上。这就要我们守住耕地红线，把高标准农田建设好，把农田水利搞上去，把现代种业、农业机械等技术装备水平提上来，把粮食生产功能区划分好，建设好，把藏粮于地、藏粮于技战略落到实处。多年来，我国耕地长期高强度、超负荷使用，耕地质量退化严重，土壤环境已亮起"红灯"。近年来，农业农村部会同有关部门，开展耕地质量保护与提升行动、东北黑土地保护利用试点、湖南重金属污染耕地治理修复试点、耕地轮作休耕制度试点等项目，为遏制耕地退化、提升耕地质量积累了经验，探索了路子。

人多、地少、各地资源禀赋不均衡、极端气候灾害频发，这是我国的基本农情，同时面临面源污染、疫病防控等压力。根据《2019年全国耕地质量等级情况公报》，我国评价为一至三等的耕地面积为6.32亿亩，仅占耕地总面积的31.24%。基础地力贡献率远低于农业发达国家。从资源利用率看，尽管近年来农业部门积极推进农业节肥节药行动，至2020年底我国三大粮食作物的化肥、农药利用率已提高至40%以上，但相比农业发达国家仍有20个百分点的差距。此外，畜禽粪污综合利用率与农业发达国家也相差20个百分点以上。各地实践显示，发展智慧耕地有利于提高"水肥药"利用率，如小麦、玉米的高低隙精准施药机可实现节药30%～40%。展望未来发展，我国农业资源环境仍然面临硬约束，在有限的耕地与水资源条件下满足不断增长的人口食物需求，亟须转变农业发展方式，通过智慧农业工程科技来大幅提升农业资源利用效率。

当前，信息技术已向各领域广泛渗透，人们的工作和生活已离不开互联网和移动互联网。耕地资源管理涉及国计民生、关系千家万户、受到全社会广泛关注，社会信息化的深入发展给耕地资源信息化带来了"不进则退"的压力和挑战。

二、耕地资源信息化建设的意义

耕地资源信息化是农业农村信息化的重要组成部分，也是促进耕地资源监测保护高质量发展的重要途径。当前，以互联网、大数据、人工智能为代表的新一代信息技术日新月异，是各行业高质量发展的重要支撑和手段，也是各行业新发展的增长点和动力点，耕地资源监测保护工作，要紧紧依托大数据、人工智能等信息化技术，谋划新发展。目前，贵州省耕地资源信息化水平总体还比较低，因此，如何推进现代信息技术与耕地资源监测保护工作深度融合，提升耕地质量信息化水平，成为当前耕地质量信息化建设的重要任务。

（一）党中央、国务院要求加快推进信息技术在农业生产中的应用

2019年5月，中共中央办公厅、国务院办公厅印发的《数字乡村发展战略纲要》明确提出，加快推广云计算、大数据、物联网、人工智能在农业生产经营管理中的运用，促进新一代信息技术与种植业、种业、畜牧业、渔业、农产品加工业全面深度融合应用，打造科技农业、智慧农业、品牌农业。建设智慧农（牧）场，推广精准化农（牧）业作业。同时，大力推进北斗卫星导航系统、高分辨率对地观测系统在农业生产中的应用。2018年6月，国务院常务会议提出深入推进"互联网+农业"，并要求利用大数据、物联网等信息技术提高农业生产管理效能。扩大农业物联网区域试验范围、规模和内容，推进重要农产品全产业链大数据建设。

（二）农业农村部对发展耕地质量信息化提出具体要求

2016年《全国农业现代化规划（2016—2020年）》提出，建设国家耕地质量调查监测网络，建立耕地质量大数据平台；2017年，《农业部直属单位中长期基本条件能力建设规划（2017—2025年）》提出，到2025年建设全国耕地质量数据平台1个；2019年农业农村部等7部门联合印发《国家质量兴农战略规划（2018—2022年）》提出，完善重要农业

资源数据库和台账，形成耕地、草原、渔业等农业资源"数字底图"；2019年《农业农村部 财政部关于做好2019年耕地轮作休耕制度试点工作的通知》提出，探索运用卫星遥感技术，对耕地轮作休耕制度试点面积落实进行辅助监测。

（三）耕地质量监测保护工作对信息化有急迫需求

耕地是农业发展之要、粮食安全之基、农民安身之本，是我国最为宝贵的资源。习近平总书记指出，我们必须把关系十几亿人吃饭大事的耕地保护好，绝不能有闪失，像保护大熊猫一样保护耕地。李克强总理指出，要坚持数量与质量并重，严格划定永久基本农田，严格实行特殊保护。耕地质量监测保护工作主要是对耕地质量进行调查、监测、评价、建设和保护等，每项工作都涉及耕地质量数据的采集、存储、管理、分析和应用，都需要信息化手段作为支撑。特别是基于"耕地一张图"实现耕地质量监测保护数字化、动态化、精准化和成果展示可视化是当前耕地质量监测保护工作对信息化最直接、最迫切的需求。

第三节 现状分析

一、贵州省农业信息化基础

目前，贵州省的智慧农业仍处于启蒙阶段，起步晚、规模小、水平低，是贵州省智慧农业当前的主要特点。但近些年来，贵州省广大农村地区基础设施大为改善，农村公路实现"组组通"，饮水安全得到保障，行政村100%通宽带、100%通4G网络，农村通信网络覆盖水平迅速提升，这些都为智慧农业发展奠定了信息技术基础。此外，农村劳动力数量减少也为土地经营权流转创造了条件，大量因为农户外出务工而闲置下来的土地通过多种形式被集中起来，为规模化生产提供了基础，同时，贵州省还加大对外出务工人员返乡创业的帮扶力度，吸引了一批有知识有能力的年轻人回到农村从事农业生产，他们带来了新观念，掌握了新技术，逐步成为农村产业发展的带头人。贵州省还积极调整农业产业结构，不断完善农产品冷链初加工、仓储、交易、配送体系，农业效益进一步提升，为智慧农业发展提供了经济基础。

二、贵州省耕地资源数据基础

通过测土配方施肥、耕地地理等级等项目调查评价工作，汇集了贵州省89个县（市）耕地信息，涉及土样40万个、肥料试验5万个、农户施肥数据10万份、土壤养分数据4.8亿份，按照全国省级耕地质量监测保护机构信息资源建设要求，整理获得覆盖全省耕地矢量图件、土壤类型、土地利用、地形地貌、农田、水利等空间数据以及土壤理化等属性数据，如图1-2所示。这些数据资源为进一步建设贵州耕地资源信息化平台打下了良好的数据基础。

海拔	有效积温	年降水量	耕层质地	地貌	地形部位	排水能力1	灌溉能力	耕层厚度	pH值	有机质
260	5500	1400	轻黏	低丘	山地、丘陵中	满足	无灌（不具备	23.75	5.11666663	13.73333311
337.51098633	5249.04003906	1378.51000977	轻黏	低丘	丘陵低山中下	充分满足	可灌（将来可	27.5	5.75	16.0999999
306.45599365	5500	1400	轻黏	低丘	山地、丘陵中	满足	可灌（将来可	20	6.5	15.60000038
286.60598755	5203.06005859	1368.51000977	轻黏	低丘	山地、丘陵中	满足	可灌（将来可	25	6.5	18.60000038
264.92999268	5495.06982422	1400	中壤	低丘	山地、丘陵中	满足	无灌（不具备	23	4.80000019	20
357.47000122	5133.66015625	1394.19995117	轻黏	低丘	山地、丘陵中	满足	无灌（不具备	23.85416667	5.82519293	15.57785496
297.74700928	5500	1400	重黏	低丘	山地、丘陵中	满足	无灌（不具备	25.1495098	5.05951799	18.28402792
337.14898682	5444.83007813	1400	轻黏	低丘	山地、丘陵中	满足	无灌（不具备	27.5	5.75	14.25
262.23901367	5500	1400	轻黏	低丘	在山地丘陵上	满足	可灌（将来可	23	6.3	19
291.68499756	5205.52001953	1368.97998047	轻黏	低山	山地、丘陵中	满足	无灌（不具备	25	5.5	18.60000038
800.51000977	4437.00976563	1400	中黏	低山	丘陵低山中下	充分满足	可灌（将来可	26.38907563	6.29030256	14.65811771
280.39898682	5500	1400	轻黏	低山	山地、丘陵中	满足	可灌（将来可	28	6.3	19.10000038
875.43701172	4500	1400	轻黏	低山	在山地丘陵上	满足	无灌（不具备	23.23769841	6.5011508	15.41996029
445.39199829	5315.37988281	1400	轻黏	低丘	山地、丘陵中	满足	无灌（不具备	28.65333333	6.82888884	15.73955549
260	5500	1399.90002441	轻黏	低丘	山地、丘陵中	满足	可灌（将来可	19.22035519	6.68184325	15.66205503
263.49499512	5497.83007813	1400	轻黏	低丘	山地、丘陵中	满足	无灌（不具备	23	5.80000019	20
293.14199829	5500	1400	轻黏	低丘	在山地丘陵上	满足	无灌（不具备	21.94742063	6.75992068	16.93551588
534.82299805	5366.31005859	1400	轻黏	低山	在山地丘陵上	满足	无灌（不具备	19.875	6.34999999	17.31250012
263.32598877	5500	1325.13000488	重壤	低丘	山地、丘陵中	满足	无灌（不具备	24.36507937	5.7584467	14.37448981
914.17797852	4128.27978516	1175.25	中壤	低中山	山地、丘陵中	充分满足	可灌（将来可	25.88375007	21.73249998	
930.76800537	4091.69995117	1283.39001465	轻黏	低中山	山地、丘陵中	满足	可灌（将来可	21.91458333	6.06292737	14.98344019
339.33099365	5500	1324.57998505	重壤	低丘	山地、丘陵中	满足	无灌（不具备	23.8034188	5.85867118	20.57635128

图1-2 采样数据

三、政策支撑方面

农业农村部从2016年开始陆续对发展耕地质量信息化提出要求和制定规划，并先后开展了土壤普查、耕地轮作休耕、测土配方施肥等耕地相关信息化前期准备工作。

按照党中央、国务院有关决策部署和《国务院关于开展第三次土壤普查的通知》（国发〔2022〕4号）要求，下发《贵州省人民政府办公厅关于开展全省第三次土壤普查的通知》，为全面掌握全省土壤资源状况和土壤质量变化趋势等情况，决定自2022年起组织开展全省第三次土壤普查。此次普查对象为全省耕地、园地、林地、草地等农用地和部分未利用地的土壤。其中，林地、草地重点调查与食物生产相关的土地，未利用地重点调查与可开垦耕地资源相关的土地，如其他草地等。

普查内容包括4个方面：土壤性状普查，包括野外土壤表层样品采集和土壤理化性状、生物性状指标分析化验等；土壤类型普查，包括对主要土壤类型的剖面挖掘观测、采样化验等，补充完善土壤类型；土壤立地条件普查，包括地形地貌、植被类型、气候、水文地质等；土壤利用状况普查，包括基础设施条件、种植类型、农业生产水平等。

用4年的时间全面查清贵州省农用地土壤质量的家底，包括土壤类型及分布规律、土壤资源现状及变化趋势，真实准确掌握土壤质量、性状和利用状况等基础数据，汇总形成第三次全省土壤普查基础数据，建成土壤普查数据库和样品库，形成全省耕地质量报告和全省土壤利用适宜性评价报告，提升土壤资源保护和利用水平，为守住耕地红线、优化农业生产布局、确保国家粮食安全奠定坚实基础。

第四节 面临的问题

一、耕地分散细碎

贵州省地形以山地丘陵地貌为主，导致贵州省耕地资源更加分散，耕地细碎化格局更为显著。耕地细碎化不仅直接严重阻碍农业规模化、专业化、机械化发展，在对耕地资源进行调研和数据化时，大大增加了人工成本和数据处理工作量，对耕地采样布点和数据分析提出了更高层次的要求。

二、耕地数据质量

耕地数据内容复杂并具有相关性，数据量大、数据类型和表达方式多样，包括耕地矢量图件、土壤理化性状常规5项数据、中微量元素数据等，由于数据来自不同的项目，为满足项目需求，在土壤采集和试验过程中，建立的标准规范不一致，导致收集到的耕地数据指标个数不同、分类体系不同、指标化验方法不同，存在数据不一致、不完整、有冗余的问题。同时，从土壤采样到实验室化验，再到数据上报过程中，并未完全实现一站式业务系统，人工完成过程中也会存在数据遗漏、错误等问题。对耕地数据的清理，提高耕地数据质量，将是耕地资源信息化平台建设过程中较为突出的问题。

三、生产力发挥不足

耕地是人类赖以生存和发展的基础，是不可再生，不可替代，易于流失的稀缺资源。耕地资源的减少及对耕地保护和利用的措施不得当，严重制约了农产品的产出和整体经济发展。贵州省山峻坡陡、岩石裸露，宜于种植的耕地不多，呈现出"先天不足"，加上非生产性侵占的耕地多、生产条件差、技术水平落后、经营方式粗放，导致耕地土壤资源更为短缺，土壤的生产力发挥不足，使得贵州省农林牧的产量不高，经济效益较低。

四、网络安全问题

随着云计算、大数据、人工智能、移动互联网、物联网等新一代信息技术的普及应用，网络信息系统的开放性、智能性等不断提升，网络安全运营的复杂性更高，其安全风险加大。网络安全建设缺乏总体设计，重技术，轻管理；重建设，轻运营；重硬件，轻软件，是目前信息化系统存在网络安全问题的主要原因。围绕耕地资源特点和平台系统建设需要，构建完备的网络安全机制，对提高耕地资源信息化平台利用率，提升耕地资源能效发挥，有着至关重要的作用。

第二章

平台建设概述

第一节　需求分析

一、总体需求

为了全面履行党中央和国务院"互联网+农业"，坚持"节约优先、保护优先、自然恢复为主"的基本方针，推进耕地资源治理体系和治理能力现代化，需要信息化对耕地资源业务进行全面支撑。

（一）落实国家信息化发展战略需要全面推进耕地资源信息化

耕地资源管理、空间规划与用途管制担负着科学合理配置资源、促进高质量发展和生态文明建设的重任。耕地资源信息化是国家信息化的重要组成部分，是"数字中国"建设的基础支撑；耕地资源数据是国家基础性、战略性信息资源，建立贵州省耕地资源信息化平台，是农业农村信息化的重要组成部分，也是促进耕地资源监测保护高质量发展的重要途径。

（二）全面履行数字乡村发展战略需要建立全业务全流程数字化、网络化、智能化机制

加强耕地资源开发与保护监管，对耕地资源进行统一调查和监管，建立耕地资源统一管理，履行全民耕地资源资产所有者职责、空间用途管制和生态保护修复职责，落实数字乡村发展战略，需要构建覆盖全省耕地、信息共享、智能感知的技术平台，形成多级联动、业务协同、精准治理的耕地资源管理新模式，不断提升耕地资源治理的能力和现代化水平。

（三）强化耕地资源监管与决策需要建立统一、全面、准确的耕地资源数据底板

树立耕地资源系统观，建立统一的空间规划体系并监督实施，统一

行使耕地空间用途管制和生态修复职责，需要以基础地理、耕地资源以及生态保护红线、永久基本农田、城镇开发边界等管控性数据为底板，建立统一的贵州省耕地资源信息管理平台，形成"用数据规范、用数据监管、用数据决策"的耕地空间管控新机制。

（四）提升耕地资源服务能力需要建立高效、智能、便捷的一体化多场景应用机制

贯彻以人民为中心的发展思想，落实利用大数据、物联网等信息技术提高农业生产管理效能，扩大农业物联网区域试验范围、规模和内容，推进重要农产品全产业链大数据建设。需要依托互联网建立耕地资源服务体系，实现多场景耕地资源服务模式，并推动耕地资源信息向社会开放。

（五）全面推进耕地资源信息化需要建立完善强有力的网络安全体系保障

加强信息基础设施和网络安全防护是国家网络安全的重要要求。搭建互联互通的耕地资源网络和运行环境，建立耕地资源信息安全保障体系，加强耕地资源数据安全，提升网络安全防护能力，是实行网上采集、网上存储、网上监管、网上服务的重要保障。

二、业务需求

贵州省耕地资源面向用户群体为种植户、行业人员及行业决策者，根据贵州省耕地信息化现状及监管、利用的需求，梳理各项管理和服务业务，形成耕地资源信息化业务需求框架，如图2-1。

（一）耕地资源调查

按照农业农村部统一部署的项目，对贵州省耕地进行土地利用现状调查、土地质量调查，行业人员在基础调查耕地范围内，开展耕地资源专项调查工作，查清耕地的等级、理化性状、形成特点、产能等，掌

握贵州省耕地资源的质量状况。每年对重点区域的耕地质量情况进行调查，包括对耕地的质量、土壤酸化盐渍化及其他生物化学成分组成等进行跟踪，为合理调整土地利用结构和农业生产布局、制定农业区划和土地规划提供科学依据。

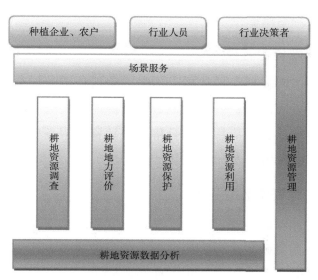

图2-1 业务需求框架

（二）耕地地力评价

根据耕地资源调查获取耕地所在的气候、地形地貌、成土母质、土壤理化性状、农田基础设施等要素相互作用表现出来的综合特征，对农田生态环境优劣、农作物适应性、耕地潜在生物生产力高低进行评价。掌握全省耕地地力分布情况，结合产业发展有效指导农业生产。

（三）耕地资源保护

借助现代化科技信息手段，利用测绘地理信息技术优势，开展耕地遥感调查监测，全面掌握耕地的种植土地资源、水资源、农业潜力情况、耕地资源质量空间分布变化现状，实时监测耕地数量和质量。

（四）耕地资源利用

结合耕地调查数据和地力评价结果，为种植企业和农户提供农作物种植适应性评价、精准施肥推荐、耕地保护等种植指导服务，使得耕地种植规划科学、布局合理、管理精准，有效提高耕地利用的经济效益、环境效益和社会效益。

（五）耕地资源管理

围绕全面落实耕地保护战略，不断完善耕地资源综合数据库，强化耕地信息分析处理能力，开展耕地数据资源的汇集处理和挖掘分析，推进耕地资源综合监管与应用，整合集成耕地资源服务应用系统，深入拓展耕地信息智能应用，为耕地资源利用提供可靠的数据和服务支撑。

（六）耕地资源数据分析

通过对耕地资源分布、数量、质量、利用的情况进行数据整理和多维度分析，掌握贵州省耕地资源情况，为行业决策者作出科学合理、可持续发展的决策，提供真实、可靠的数据支撑。

第二节　建设目标

运用大数据、云计算、移动互联网、物联网等现代信息技术手段，整合多渠道耕地资源数据、建立统一的标准体系和分布式数据架构，以互联网、物联网为依托，以标准制度和安全体系为保障，监测监管、辅助决策、信息服务为功能核心，形成上下贯穿、互联互通的贵州省耕地信息化应用体系，实现全覆盖、全流程、全要素的一个数据中心、一个管理平台、多个应用系统的服务模式，提高耕地利用、保护、管理的信息化、智能化、现代化，做到精准管理、科学决策，满足平台服务化、可信化、云化、智能化、可视化5个维度的总体规划。

一、服务化

重点考虑耕地资源服务云化的架构,提升信息化建设和应用部署效率,提升服务的业务连续性指标。采用分布式架构支撑,补充去IOE架构后的系统可用性能力,支撑应用下移,应对高吞吐时资源可以快速调整和扩展;利用应用智能感知技术,基于应用感知的资源伸缩、应用切换与资源关联。支持应用微服务化改造,基于微服务框架的服务治理、数据与逻辑、平台与应用解耦、组件化/服务化改造、应用快速迭代、灰度发布。

二、可信化

网络安全攻击是耕地资源信息化平台面临的极大威胁,随着虚拟用户的增加和大量高敏感信息的在线存储,需持续对网络安全和防护作出改善。将入侵检测、高级分析、信息共享和入侵防御功能,作为耕地资源信息化平台的安全需求。在数据的传输、存储和交易过程中,利用区块链技术非对称加密、分布式账本的特点进行构建耕地资源数据共享,既能有效实现防篡改、数据加密、数据授权,还可避免单点故障造成整个系统不可用以及数据丢失的问题。

三、云化

实现计算、存储、网络、安全、数据库和中间件等资源的云化,支持灵活的资源编排功能,支持应用感知的资源弹性供给;采用Openstack、Kvm、SDN、Serversan、容器池等新技术,充分满足云数据中心对虚拟化的需求。

四、智能化

耕地资源信息实现智能化,首先,在耕地大数据方面,海量的数据经过大数据处理后进行数字化,并提供接口开放以及对新功能业务的展现。其次，通过引入新的人工智能技术，提升耕地资源信息化平台的易用性和实用性。最后，基于物理、虚拟和应用层的智能模型关联，利用人工智能技术，基于根因分析的智能决策，实现业务影响分析、故障根源定位、故障分析预测和流程管理的智能化，实现基于SOC的安全日志分析，实现安全智能管理。

五、可视化

在云环境中，除对耕地资源实现贵州省耕地"一张图"外，还重点考虑在应用层面实现应用服务的可视化。通过将耕地资源信息可视化与应用服务相结合，清晰有效地利用图形、图表等易于理解的形式，提取和分析大量复杂而零散的数据，显示分析结果，从而帮助用户在短时间内更好地理解和获得更多的耕地资源信息。

第三节　建设思路

一、利用已有基础

在贵州省耕地已有信息化基础上，将多项矛盾冲突的标准、多套同类属性的网络、多种分散异构的数据、多个功能相似的系统，通过改造、整合、完善、扩展，形成协调一致的系列标准、相对统一的"一张网"、集成整合的"一张图"、协同联动的一套系统，并统筹基础设施，加强安全防护，提高数据质量，提升服务效能。

二、统一标准体系

建立统一的标准体系。梳理耕地资源信息等方面信息化相关标准，结合国家标准体系，协调标准之间的矛盾，特别是从逻辑关系、数学基础、分类体系、分类编码、术语定义、业务关系等方面进行协调，建立包括网络基础设施、数据生产、数据管理、系统开发、应用服务、安全保密等全新的耕地资源信息化标准框架体系，为耕地资源管理相关网络互联、数据互通、系统协同确立基础，为贵州省耕地资源管理和空间开发利用的信息化支撑奠定基础。

三、分布式数据架构

贵州省耕地资源包括全省耕地地块基础信息、耕地空间信息、土壤墒情、政策法规等，数据层面具有"广、细、多、杂"的特点，是摆在传统集中式关系型数据库面前的一个难题。随着计算、存储和网络能力的快速发展，分布式关系型数据库带来了高IO、低延迟的传输体验。分布式关系型数据库系统由若干个节点集合而成，它们通过网络连接在一起，每个节点都是一个独立的数据库系统，它们都拥有各自的数据库、中央处理机、存储，以及各自的局部数据库管理系统。建立分布式数据库，加强数据的全面汇聚、融合、联通，促进信息互通共享。

四、多场景服务模式

用户需求正在向定制化、碎片化、场景化转变，具有小额、高频、海量特点的互联网业务爆发式增长。要求服务平台需要快速响应市场和用户需求的变化，持续交付新的功能，不断优化用户体验。采用面向多场景服务模式，构建各种面向不同用户、不同业务场景、不同服务方式及不同应用终端的服务系统，有效提升了耕地资源信息服务效能。

第四节　建设原则

针对贵州省耕地资源的特点和平台服务的要求，建设要依据标准化、一体化、场景化3个原则。

一、标准化原则

标准化主要包括对耕地资源数据和应用服务接口的统一化、通用化、系列化、组合化和简化。

统一化：把同一事物两种以上的表现形式归并为一种，或将其限定在一定范围之内。如对统一概念、统一名词术语、统一计量单位、统一符号、统一编码等。

通用化：在互相独立的系统中，选择和确定具有功能互换性和尺寸互换性的功能单元，以减少重复劳动和增加适应性。

系列化：对同类信息中的一组数据同时进行标准化。

组合化：对设计和制造出的一系列通用性较强的单元，根据需要组合成不同用途的接口服务。

简化：在一定范围内缩减对象类型的数目，使之在既定时间内足以满足一般需要。

二、一体化原则

一体化是根据应用服务系统提出来的，每个服务系统都是在一个大的平台系统之中，数据之间、接口之间、功能之间是互相连接的，一个环节的变化往往会触发影响另一个功能的变化，把这种关系找出来，用信息化自动提醒或自动约束，可以有效地避免差错、提高效率。通过统一数据标准、接口流程和功能内容上的互动，把各个模块打通，实现了数据的共享，解决了数据的传递效率问题，提高平台系统的规范性、科学性和互动性。在一体化建设规划下，纳入系统的模块越多，每个子模块和整体系统的功能都会进一步加强，加1发挥的不是加法的作用，而是乘法的效能。

三、场景化原则

场景化是基于用户的角度来考虑的。标准化体现了业务运营和管理的要求（工作视角），一体化解决了功能模块之间的互联互通（实现路径），使系统发挥1+1>2的功效，场景化则致力于用户体验最优（工作者目的）。每个用户的需求都是一个场景，例如临床模块是随着患者的流动医务工作者建立的一个个工作场景，运营模块是随着资源的流动运营岗位形成了一个个工作场景。场景化的本质是改善用户的感知与体验，围绕用户的诉求整合业务办理、信息查询等功能。一体化是场景化的基础，没有一体化，业务和数据都做不到很好的整合。

第三章

相关技术

第一节　云技术

云技术（Cloud technology）是基于云计算商业模式应用的网络技术、信息技术、整合技术、管理平台技术、应用技术等的总称，可以组成资源池，按需所用，灵活便利。云技术是分布式计算的一种，指的是通过网络"云"将巨大的数据计算处理程序分解成无数个小程序，然后通过多部服务器组成的系统进行处理和分析这些小程序得到结果并返回给用户。云计算早期，简单地说，就是简单的分布式计算，解决任务分发，并进行计算结果的合并。因而，云计算又称为网格计算。通过这项技术，可以在很短的时间内（几秒钟）完成对数以万计的数据的处理，从而达到强大的网络服务。随着信息技术的发展，现阶段的云服务已经不单单是一种分布式计算，而是分布式计算、效用计算、负载均衡、并行计算、网络存储、热备份冗杂和虚拟化等计算机技术混合演进并跃升的结果。

耕地资源信息化平台的后台服务需要大量的计算、存储资源，云技术主要用于搭建云平台，为耕地资源数据管理、数据接口管理和资源服务系统等提供数据存储和云计算服务，实现贵州省耕地资源的共建共享、智能管理与服务。伴随着互联网行业的高度发展和应用，将来每块耕地都有可能存在自己的识别标志，都需要传输到后台系统，通过云计算来进行逻辑处理，实现不同程度级别的数据分开处理。

同时，云计算成为耕地资源数字化转型的基础支撑，通过将庞大的耕地资源数据存储在一个或者若干个数据中心，数据中心可以对数据进行统一管理，将资源进行合理的分配，实现高效的负载均衡和安全控制，使得耕地数据拥有更可靠的安全实时监测。

云计算是一种IT资源和技术能力的共享。在传统模式中，个人开发者和企业需要自己购买硬件和软件系统，并需要运营和维护，利用云计算，用户可以不用去关心机房建设、机器运行维护、数据库等IT资源建设，能为贵州耕地资源数据快速提供给各个应用服务。

第二节　大数据技术

大数据技术包括数据采集、数据管理、数据分析、数据可视化、数据安全等内容。数据的采集包括传感器采集、系统日志采集以及网络爬虫等。数据管理包括传统的数据库技术、NoSQL技术，以及对于针对大规模数据的大数据平台，例如Hadoop、Spark、Storm等。数据分析的核心是机器学习，当然也包括深度学习和强化学习，以及自然语言处理、图与网络分析等。

科学技术的不断发展，互联网技术的不断成熟，人们的生活、工作方式都发生了很大的改变，人们在工作、生活之中对计算机的依赖性逐渐增加。随着技术的不断发展，大数据、云计算等技术随着互联网技术的发展而产生，各行业都通过这些技术来实现对数据的处理、分析，再利用这些数据对企业的发展、策略规划进行相应的指导。而数据处理方面的技术大多具有时效性、安全性、多样性等特点。大数据和云计算技术随着发展，逐渐受到各行业领域的重视。

耕地资源数据类型繁多，涉及数字、文本、视频、图片、文件、地理位置等信息，在结构上还分为结构化、半结构化、非结构化。结构化简单来讲是数据库，是由二维表进行逻辑表达和实现的数据。非结构化即数据结构不规则或不完整，没有预定义的数据模型。由于耕地相关的数据大部分是非结构化数据，很多有价值的信息都是分散在海量数据中的，价值密度较低。利用大数据技术对耕地资源数据进行分类存储和管理，有利于提高对耕地数据的分析效率，进而提高耕地资源利用效率。

第三节　物联网技术

物联网技术（Internet of things，IoT）起源于传媒领域，是信息科技产业的第三次革命。物联网是指通过信息传感设备，按约定的协议，将任何物体与网络相连接，物体通过信息传播媒介进行信息交换和通信，以实现智能化识别、定位、跟踪、监管等功能。物联网指的是将无处不在（Ubiquitous）的末端设备（Devices）和设施（Facilities），包括具备"内在智能"的传感器、移动终端、工业系统、数控系统、家庭智能设施、视频监控系统等和"外在使能"（Enabled）的，如贴上RFID的各种资产（Assets）、携带无线终端的个人与车辆等"智能化物件或动物"或"智能尘埃"（Mote），通过各种无线和/或有线的长距离和/或短距离通信网络实现互联互通（M2M）、应用大集成（Grand integration）以及基于云计算的SaaS营运等模式，在内网（Intranet）、专网（Extranet）和/或互联网（Internet）环境下，采用适当的信息安全保障机制，提供安全可控乃至个性化的实时在线监测、定位追溯、报警联动、调度指挥、预案管理、远程控制、安全防范、远程维保、在线升级、统计报表、决策支持、领导桌面（集中展示的Cockpit dashboard）等管理和服务功能，实现对"万物"的"高效、节能、安全、环保"的"管、控、营"一体化。

在耕地资源管理中，土壤墒情监测利用物联网传感器采集不同类型土壤的湿度、温度及环境数据，指导耕地上种植作物农事操作，在节水节能、提质增效上添砖加瓦。

第四节　3S技术

"3S"技术指的是遥感技术（Remote sensing，简称RS）、地理信息系统（Geography information systems，简称GIS）和全球定位系统（Global positioning systems，简称GPS）的统称，是空间技术、传感器技术、卫星定位与导航技术和计算机技术、通信技术相结合，多学科高度集成的对空间信息进行采集、处理、管理、分析、表达、传播和应用的现代信息技术。将三者与其相关技术集成在统一的平台中，形成对地观测、空间定位和空间分析的完整体系结构，使其不仅具有自动、实时地采集、处理和更新数据的功能，而且能够智能式地分析和运用数据。

一、RS技术

RS（Remote sensing，遥感技术）是通过遥感器这类对电磁波敏感的仪器，在远离目标和非接触目标物体条件下探测目标地物，获取其反射、辐射或散射的电磁波信息（如电场、磁场、电磁波、地震波等），并进行提取、判定、加工处理、分析与应用的一门科学和技术。近年来，RS在国土资源管理中的应用逐步走向成熟，在土地执法监察、土地利用动态监测、土地变更调查数据复核等方面发挥了巨大作用，已成为国土资源管理的重要手段，在耕地资源管理中也发挥着不可替代的作用。

二、GIS技术

GIS（Geographic information systems，地理信息系统）是多种学科交叉的产物，它以地理空间为基础，采用地理模型分析方法，实时提供多种空间和动态的地理信息，是一种为地理研究和地理决策服务的计算机技术系统。其基本功能是将表格型数据（无论它来自数据库、电子表格文件或直接在程序中输入）转换为地理图形显示，然后对显示结果浏览、操作和分析。其显示范围可以从洲际地图到非常详细的街区地图，现实对象包括人口、销售情况、运输线路以及其他内容。

GIS是一种由硬件、软件、数据和用户组成的以研究地理或地学数据的数字化或图形化采集、存贮、管理、描述、检索、分析和应用与空间位置有关的相应属性信息的计算机支持系统，它是集计算机学、地理学、测绘遥感学、环境科学、空间科学、信息科学、管理科学和现代通信技术为一体的一门新兴边缘学科。运用GIS技术进行耕地资源信息系统的研究是对耕地资源进行有效管理，实现数据查询检索、分析评价，为合理开发、利用、整治和规划耕地资源提供科学决策的依据。

三、GPS技术

GPS（Global positioning systems，全球定位系统）是利用卫星，在全球范围内实时进行定位、导航的系统，具有提供高精度、全天候、高效率、连续实时的三维位置、三维速度以及时间数据的功能。GPS定位具有高度的灵活性和实时性，能快速提供三维坐标，进行信息自动接收及存储。

第五节 人工智能技术

人工智能（Artificial intelligence，AI），它是研究、开发用于模拟、延伸和扩展人的智能的理论、方法、技术及应用系统的一门新的技术科学。人工智能是计算机科学的一个分支，它企图了解智能的实质，并生产出一种新的能与人类智能相似的方式做出反应的智能机器，该领域的研究包括机器人、语言识别、图像识别、自然语言处理和专家系统等。人工智能从诞生以来，理论和技术日益成熟，应用领域也不断扩大，可以设想，未来人工智能带来的科技产品，将会是人类智慧的"容器"。人工智能可以对人的意识、思维的信息过程进行模拟。人工智能不是人的智能，但能像人那样思考，也可能超过人的智能。

第四章

平台总体设计

第一节 总体要求

一、一个数据中心

为满足用户多元化需求，提供丰富的耕地信息服务，围绕贵州省耕地数据，建设一个涉及与耕地相关的资讯、政策、技术、标准等多方面数据中心，实现结构化和非结构化数据的汇聚接入，通过管理数据标准、元数据、数据资源等，改善数据质量，提高数据资产的价值。数据中心主要包括3方面数据，如图4-1所示。

与贵州省耕地资源相关的数据：如新闻资讯、政策法规、技术知识、土壤墒情、标准规范、文献资料等。

将现有耕地信息进行分类，拆分为：地理位置、立地条件、土壤类型、土壤构型、理化性状、土地权属等。

为生成耕地空间数据需要的非结构化数据：如卫星遥感影像、航空拍摄图、数字高程模型、矢量地图等。

通过对3类数据进行统一空间基准，统一数据标准，统一数据本底，协调数据关系，加强数据的集成融合，形成相互协调的统一的耕地资源数据体系。

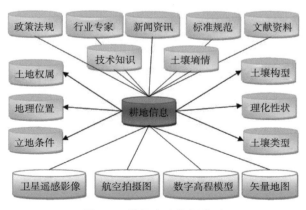

图4-1 数据中心数据类型

二、一个管理平台

贵州省耕地资源面向用户群体主要有种植户、行业人员及行业决策者，在贵州省耕地资源数据中心的基础上，建立耕地资源分布式的管理、应用和共享服务机制，实时获取互联网、物联网等相关数据，形成多源数据的汇聚、集成与智能分析机制，为耕地资源调查监测评价、耕地空间规划实施监督、资源监管、分析决策、资源服务等应用提供数据支撑和技术保障。构建具有数据管理、系统集成、应用支撑功能的统一的耕地资源信息管理平台（图4-2），实现数据、应用、业务流程一体无缝集成。

贵州耕地资源信息管理平台，主要功能如下。

关系型数据管理：实现对数据中心中新闻资讯、政策法规、技术知识、土壤墒情、标准规范、文献资料、耕地资源等数据的新增、删除、修改、审核、导入、导出等管理，同时，建立不同数据结构的分类标准，实现数据精准查询。

空间数据管理：如卫星遥感影像、航空拍摄图、数字高程模型、矢量地图等上传、下载、删除管理。

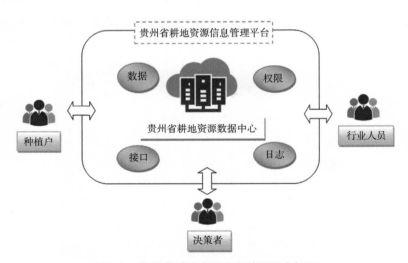

图4-2 贵州省耕地资源信息管理平台框架

数据接口管理：对各类耕地资源数据，根据业务需求，开放灵活多变的数据接口，满足不同用户对数据的需求。

用户与权限管理：包括平台用户、数据、接口权限的管理，对不同用户提供不同数据、接口使用权限，保障数据安全。

用户操作日志管理：通过用户操作日志分析平台系统服务情况，不断改造和升级服务方式和内容，提升平台服务能力。

三、多个应用系统

从不同用户需求出发，设计服务场景，基于贵州省耕地资源信息管理平台提供的多元化接口，构建各种面向不同用户、不同业务场景、不同服务方式及不同应用终端的服务系统。为履行耕地资源调查、资源利用、监测评价、空间规划与耕地保护等各项业务，提供智能审批、智能监管、智能决策服务，辅助农业生产，提高耕地资源服务效能，改善耕地质量，平台初步建设了耕地信息采样系统、耕地资源质量评价系统、测土配方施肥系统、耕地资源数据管理平台、耕地资源可视化系统等服务系统。

（一）耕地信息采样系统

为辅助土壤行业人员野外土壤采样，满足采样点现场定位、采样时间和现场照片的要求，开发耕地信息采样系统，提高行业人员野外采样工作效率和数据准确度。

（二）耕地资源质量评价系统

统筹贵州省耕地资源情况，建立统一的归一化评价指标，对耕地资源管理单元中每一块耕地进行地力等级评价及适宜性评价，为指导种植产业规划提供准确可靠的数据支撑。

（三）测土配方施肥系统

利用调查获取的耕地理化性状，结合当地种植作物和专家构建施肥模型，向种植户推荐合理的施肥方案，提高肥料利用率，实现节肥增效。

（四）耕地资源数据管理平台

汇集耕地资源相关数据，实现对耕地资源进行统一的组织和管理、科学的推荐施肥、专业的地力评价等，达到科学合理的利用耕地，同时也为农业生产者提供方便的信息服务平台，方便其了解耕地的各项情况，提供多元化信息服务。

（五）耕地资源可视化系统

围绕耕地资源数据中心数据，构建可视化平台，通过对数据不同尺度、不同维度的全方位展示，满足不同用户层级需求，为耕地开发、利用、整治和规划提供直观的数据支撑。

第二节　总体架构

贵州省耕地资源信息化平台以政策、制度、标准为基础，以安全运维为保障，在"一个数据中心""一个管理平台"基础上支撑"多个应用系统"。

一、数据架构

遵循"统一数据、统一接口"的原则，通过调查监测、数据生产、数据汇交、实时备案、共享交换、协议购买、互联网获取、在线调用等多种方式，汇聚各类调查监测数据、物联网数据、网络数据和耕地空间数据、数据产品，通过接口的方式接入贵州省耕地资源数据中心，加强数据的全面汇聚、融合、联通，促进信息互通共享，构建贵州省耕地资源信息管理平台系统，统一支撑耕地资源管理和对外服务系统，如图4-3所示。

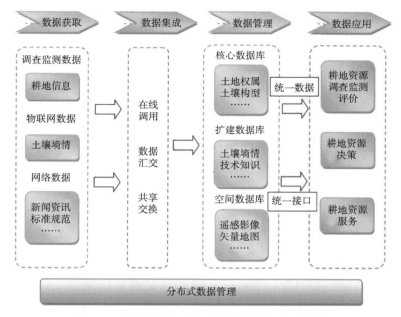

图4-3　贵州省耕地资源信息管理平台数据架构

（一）原有数据集成整合

对已有非标准化数据进行标准化处理，改建、完善核心数据库，结合贵州省土壤普查形成的数据，统一空间基准，统一数据标准，统一数据本底，协调数据关系，加强数据的集成融合，形成相互协调的统一的耕地资源数据体系，深度挖掘数据价值，形成可用的数据资产。

（二）地方数据、关联数据聚合

收集整理贵州省地方上耕地相关数据，通过各级别专项工作，更新和扩充原有数据，提升数据获取效能和质量，加强数据获取能力，规范地方补充耕地调查、田间试验等数据库建设，推进地方数据按统一标准同步、汇交。

（三）数据分布式管理

利用耕地资源信息化平台，通过分布式任务调度等方式，建立分布式的耕地资源"一张图"数据存储、管理新模式。各数据管理单位作为分布式存储的一个节点，做好数据的本地存储管理，同时综合运用服务接入、数据汇交、实时备案、共享交换等多种方式，开发贵州省耕地资源信息化平台进行管理和服务。通过贵州省耕地信息化平台，"一张图"将不同类别、不同比例尺的数据按照统一的数据基准融合到一起，可以从最小的比例尺逐级放大到最大的比例尺，可以任意叠加不同类别数据，基础地理叠加耕地调查即成基础底图，形成贵州省耕地资源空间数据。

（四）数据统一应用服务

基于贵州省耕地资源"一张图"核心数据库，通过耕地空间基础信息平台统一管理与调度，为调查监测评价、监管决策、"互联网+耕地资源信息服务"三大应用体系提供通用服务和专题服务支撑。

二、系统架构

采用面向服务的技术架构，完善分布式耕地资源信息管理平台，提供统一数据服务、统一身份认证、统一安全服务，形成具有数据管理、系统集成、应用支撑功能的统一的耕地资源信息化基础平台（图4-4），实现数据、应用、业务流程一体无缝集成。

（一）技术设施层

以云服务器为载体，为平台提供可靠的计算、存储和网络资源，在网络安全方面，安全组间自带防火墙，可进行端口入侵扫描，漏洞扫描，可杜绝ARP攻击和MAC欺骗，有效防护DDoS攻击。云服务器采用大规模分布式计算系统，对数据进行多处备份，同时，可进行云故障迁移，保证数据安全。用户资源之间互相隔离，彼此不受影响。

（二）数据资源层

针对贵州省耕地资源数据中心的关系型数据，采用MySQL作为数据库管理系统，它是一个体积小的开源的关系型数据库管理系统，它可以支持FreeBSD、Linux、MAC、Windows等多种操作系统，轻量级的进程可以灵活地为用户提供服务，而不过多地浪费系统资源。

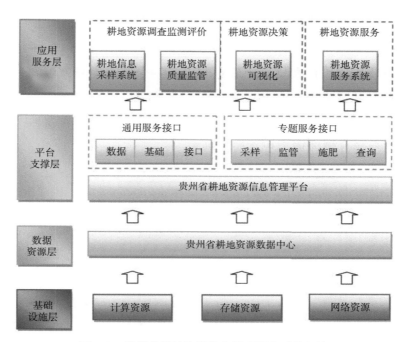

图4-4　贵州省耕地资源信息管理平台系统架构

（三）平台支撑层

以贵州省耕地资源数据中心为数据源，构建贵州省耕地资源信息管理平台，集中管理数据的同时，为应用服务层提供灵活多变、安全可靠的通用服务和专题服务接口。

（四）应用服务层

面向不同的用户群体需求，集成各种服务接口，构建耕地信息采样、耕地资源质量监管、耕地资源可视化、耕地资源服务等系统，实现对耕地资源的调查、监测、评价，并为决策者和贵州省广大种植户提供决策和服务的科学支撑。

三、分布式体系

采用分布式体系的思想，建立贵州省耕地资源信息化平台，将用户分为政府部门、事业单位、科研单位和社会公众，其中社会公众包含种植企业和种植农户，并根据用户所在行政区域建立省、市、县3级用户，针对不同层级用户的需求，提供耕地数据和服务，如图4-5所示。若干不同用户节点的用户共享多个服务节点、一个数据中心节点和一个管理中心节点，并且将同一个计算任务划分为若干个并行运行的子任务，则可把这些子任务分散到不同的服务节点上，使它们同时在这些节点上运行，从而加快计算速度，提高服务效率。

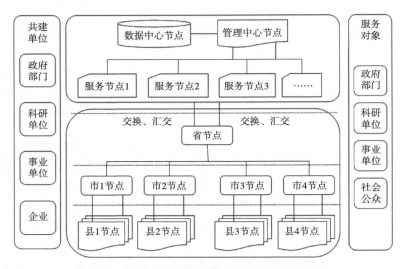

图4-5　贵州省耕地资源信息管理平台分布体系

第三节　安全保障

贵州省耕地资源信息化平台作为云平台和大数据相结合的系统平台，需要设计和构建大数据安全架构和开放数据服务，从安全设计、安全运营等各个角度考虑，部署整体的安全解决方案，保障数据计算过程、数据形态、应用价值的安全。主要包含网络环境安全、数据存储安全、应用服务安全3个方面的内容。

一、网络环境安全

云服务器布置迅速、扩展性强、功能较齐全，使用云服务器替代实体服务器，传统IT基础设施基本上完全靠用户自己去控制、管理服务器的安全，而云服务器搭载的云平台本身已实施正确、完善的安全保护方案，有效保障了网络环境安全。

二、数据存储安全

提供数据存储的安全保护，保证数据安全。

（一）数据分级存储

提供智能的分级存储管理，对用户完全透明，自动完成数据在不同存储设备之间的迁移。

（二）数据备份与恢复

按数据类型、使用频率等指标对数据进行分类备份与恢复。

（三）信息清除管理

信息清除管理提供数据清除的管理功能，将信息清除纳入数据管理流程，保证数据安全。

三、应用服务安全

（一）数据加密

加密是保护数据安全的重要手段。加密的作用是保障信息被人截获后不能读懂其含义。

（二）访问控制

对用户访问网络资源的权限进行严格的认证和控制。例如进行用户身份认证，对口令加密、更新和鉴别，设置用户访问目录和文件的权限，控制网络设备配置的权限等。

第五章

耕地资源数据中心建设

第一节 数据与来源

贵州省耕地资源数据中心数据，围绕耕地相关信息，通过不同途径和手段收集数据，详细如表5-1所示。

测土配方数据：测土配方施肥项目开展的土壤调查、肥效试验采集到的耕地质量数据和试验数据及专家建立施肥模型，分析得到的施肥推荐相关计算参数。

土壤二普数据：全省1∶50万、各地区1∶25万、各县1∶1万的土壤图、土壤养分图的矢量图或扫描图；各县的土壤样品表格数据；代表性土种数据；全省、地区、各县的土壤书、土种志等文字材料或扫描图。

地力评价数据：全省、各市州、各县的文字报告、图件。

评价单元空间数据：评价单元空间数据、属性数据。

基础GIS数据：基础地理信息数据，包括土壤图、土地利用、行政区划、河流、水系、道路、地名等。

土种归并数据：国家土系划分与贵州省本土土系建立的归并关系数据。

重金属数据：茶园重金属调查等。

典型剖面数据：依托各种项目的调查数据、化验数据、照片。

墒情监测数据：通过传感器田间实时采集的土壤不同层次含水量数据。

耕地质量监测点数据：依托各自项目采集的耕地质量监测点数据，包括耕地立地条件、理化分析、权属信息、地理位置等。

休耕数据：耕试点区域耕地质量数据、监测点数据。

蔬菜基地数据：全省关键区域蔬菜种植空间数据、属性数据。

知识库数据：施肥技术、政策法规、科技文献、行业标准等。

新闻资讯数据：国内、省内土壤相关的行业资讯、动态。

表5-1　耕地资源数据中心数据类型

序号	数据类型	数据来源	数据格式	数据操作	备注
1	测土配方数据	测土配方施肥项目	数值型	修改、查询、查看	
2	土壤二普数据	土壤第二次普查生成数据	图片、文档	新增、删除、查询、查看、上传、下载	以文件形式存储、图片
3	地力评价数据	地理评价成果数据	图片、文档	新增、删除、查询、查看、上传、下载	以文件形式存储、图片
4	评价单元空间数据	耕地资源管理单元图斑	shp	提供属性完整的shp图层,实现展示预览	管理单元图斑全省约280万个,数据较多,需分区域存储
5	基础GIS数据	基础GIS数据	栅格、矢量等地理信息数据	提供地理信息数据,通过图层管理方式展示隐藏效果	
6	土种归并数据	国家土系划分与贵州省本土土系建立的归并关系数据	字符型	查询、查看	
7	重金属数据	贵州省茶园重金属调查数据	数值型	修改、查询、查看	
8	典型剖面数据	典型剖面调查成果数据	数值型、图片	查询、查看	
9	施肥试验数据	施肥试验数据	数值型	修改、查询、查看	
10	墒情监测数据	墒情监测值	数值型	修改、查询、查看	
11	耕地质量监测点数据	耕地质量监测点	采样点shp图层,数值型	1.shp数据实现采样点分布展示及查询 2.数值型可修改、查询、查看	

（续表）

序号	数据类型	数据来源	数据格式	数据操作	备注
12	休耕数据	休耕监测项目	采样点shp图层，数值型	1.shp数据实现采样点分布展示及查询 2.数值型可修改、查询、查看	
13	蔬菜基地数据	蔬菜基地调查	数值型，shp	1.shp数据实现二维展示及查询 2.数值型可修改、查询、查看	
14	知识库数据	网络采集、现有数据整理	富文本	新增、删除、查询、查看	
15	新闻资讯数据	网络采集	富文本	新增、删除、查询、查看	

第二节　规范建立

一、统一标准

耕地资源数据中心数据根据数据的结构化特征，构建关系型和非关系型数据库，并对不同类型的数据，按照数据信息、结构、分层和质量需求，建立统一的数据标准。通过统一的数据标准制定和发布，实现数据的标准化管理，保障数据的完整性、一致性、规范性，为后续的数据管理提供标准依据。

一是针对资讯、政策、技术、标准等富文本数据，以不同地域、不同产业、不同时间、不同用户群体建立数据用途、作用对象、农事内容和覆盖区域4个维度的标准化数据分类体系，并随时结合农村产业发展适时的调整信息，如表5-2所示。将广泛的、海量的、广众的内容打碎重组，加工成为专业的、精细分类的，具有提醒性、关键性、指导性的信息产品，实现信息的实用性。

表5-2 数据分类体系

数据用途分类				作用对象分类			
新闻资讯	科技要闻	产品	价格信息	食药用菌	香菇	特色粮油	水稻
	产业要闻		商品		杏鲍菇		玉米
	时政要闻		资讯		牛肝菌		马铃薯
	通知公告		供应		羊肚菌		油菜
	工作动态		求购		松茸		大豆
	媒体关注		品牌		平菇		花生
	应用案例		企业		木耳		高粱
			行情		金针菇		薏仁
					茶树菇		小麦
					草菇		
					猴头菇		
					双孢菇	高原蔬菜	辣椒
					竹荪		大白菜
政策法则	农业生产	生产技术	农事提醒				结球甘蓝
	乡村振兴		技术百科	生态畜禽	肉牛		普通白菜
	资源环境		知识分享		山羊		菜豆
	乡村管理		视频课件		生猪		萝卜
			科技图文		蛋鸡		南瓜
			科技论文		肉鸡		生姜
			音频课件		鸭		茄子
					鹅		番茄
					鹌鹑		豇豆
					蜂		黄瓜
				道地药材	太子参		佛手瓜
					石斛		西葫芦
					天麻		豌豆尖
					半夏		韭菜
					丹参		香葱
							芹菜

覆盖区域分类		
国际		
省外		
省级		
市州	9个	
县区	贵阳市	南明区、云岩区、花溪区、乌当区、白云区、开阳县、息烽县、修文县、清镇市
	遵义市	红花岗区、汇川区、播州区、新蒲新区、桐梓县、绥阳县、正安县、道真县、务川县、凤冈县、湄潭县、余庆县、习水县、赤水市、仁怀市
	安顺市	西秀区、平坝区、普定县、镇宁县、关岭县、紫云县、安顺经开区、黄果树风景区
	六盘水市	钟山区、六枝特区、水城区、盘州市

	黔西南州	兴义市、兴仁市、普安县、晴隆县、贞丰县、望谟县、册亨县、安龙县、义龙新区
	黔东南州	凯里市、黄平县、施秉县、三穗县、镇远县、岑巩县、天柱县、锦屏县、剑河县、台江县、黎平县、榕江县、从江县、雷山县、麻江县、丹寨县、凯里经济开发区
	黔南州	都匀市、福泉市、荔波县、贵定县、瓮安县、独山县、平塘县、罗甸县、长顺县、龙里县、惠水县、三都县、都匀经济开发区
	毕节市	七星关区、大方县、黔西市、金沙县、织金县、纳雍县、威宁县、赫章县、百里杜鹃管理区、金海湖新区
	铜仁市	碧江区、万山区、松桃县、玉屏县、印江县、沿河县、江口县、石阡县、思南县、德江县、大龙经济开发区、铜仁高新区
农事内容分类		
土壤肥料	耕地质量	耕地监测、质量建设、调查评价、休耕轮作
	肥料管理	登记管理、监督抽查、市场监测、行业发展、肥料鉴别
	土壤管理	土壤检测（相关方法、机构等）、土壤管理
	节水农业	墒情信息、旱作农业、水肥一体、节水灌溉
	科学施肥	测土配方、减量增效、有机肥替代、有机肥利用、施肥技术、营养诊断
栽培管理	育苗	苗圃地的选择与规划、砧木的选择与培育、实生苗的繁殖与培育、嫁接苗的繁殖与培育、自根苗的繁镇与培育、苗木脱毒与组织培养繁殖
	果树苗木出圃	起苗、苗木分级、苗木检疫、苗木包装、运输与贮藏
	建立果园	园地的选择、园地规划与设计、苗木栽植及栽后管理
	整形修剪	整形、修剪
	花果管理	果实负载量的确定、提高坐果率、疏花疏果、增大果实、端正果型、改善果实色泽、改善果面光洁度、果实采收及采后处理、果实包装与运输
	果园灾害与预防	冻害、霜冻害和冷害；旱害与冻害；风害与雹害；高温热害和日灼
	园地环境污染管理	大气污染、土壤污染、水质污染、农药污染
病虫草害防治	病害	真菌性病害防治、细菌性病害防治、病毒病防治、线虫病防治
	虫害	田间诊断法、农业防治、物理防治、化学防治以及生物防治
	草害	杂草的种类、杂草适应性、杂草的危害、农业措施除草、机械措施除草、化学除草
田间设施	园艺设施	简易覆盖、塑料薄膜拱棚、温室、现代化连栋温室和连栋大棚
	排水灌溉设施	沟渠、提水管道设施、水池、喷灌设施
	电网设施	网络建设、供电设施
	田间道路系统	机耕道、作业道、运输道
	栽培设施	立排/立柱水泥柱、立排/立柱钢丝架
	物联网设备	气象监测仪、土壤墒情监测仪器等

二是面对来源广、数据内容多的结构化数据，如耕地数据、土壤墒情和系统用户，只做识别、集成、质量管控等操作，无法实现数据的高效、高质共享。分别针对数据类型、用途建立统一数据标准，对相同字段进行字段名称、数据类型、取值范围的合并和归整，不同的必要字段进行新增，不必要字段进行删除。

例如耕地数据，存在休耕监测、测土配方施肥、茶园土壤等不同项目耕地质量调查表，如表5-3至表5-5所示，其中样点基本情况中，关于坡度，在休耕监测、测土配方施肥、茶园土壤中字段名称分别为坡度、地块坡度（°）、地面坡度（度），统一归并为字段名称为坡度，单位为"°"，字段类型为浮点型，小数点位数保留2位。

表5-3　测土配方施肥监测点记载

监测点代码：			建点年度（时间）：		年
	省(区、市)名		地（市、州、盟）名		
	县（旗、市、区）名		乡（镇）名		
	村名		农户（地块）名		
	县代码		经度（°/′/″）		
	纬度（°/′/″）		常年降水量（mm）		
	常年有效积温（≥0℃）		常年无霜期（d）		
	常年有效积温（≥10℃）		有效土层厚度（cm）		
	耕层厚度（cm）		坡度（°）		
基本情况	地形部位		潜水埋深（m）		
	海拔高度（m）		耕地质量等级		
	障碍因素		排水能力		
	灌溉能力		熟制分区		
	地域分区		产量水平（kg/亩）		
	典型种植制度		耕层土壤质地		
	常年施肥量	化肥	N	P_2O_5	K_2O
	（折纯，kg/亩）	有机肥	N	P_2O_5	K_2O
	田块面积（亩）		代表面积（亩）		
	土壤代码		成土母质		
	土类		亚类		
	土属		土种		
景观照片拍摄时间：			剖面照片拍摄时间：		
检测单位：					

表5-4 休耕监测点基本情况记载

监测点代码：			建点年度（时间）：			
基本情况	省（区、市）名	贵州省		地（市、州、盟）名	黔南州	
	县（旗、市、区）名	惠水县		乡（镇）名	好花红镇	
	村名	辉岩村		农户（地块）名	信息所基地	
	县代码	550604		经度（°/′/″）	106°34′31″	
	纬度（°/′/″）	26°0′37″		常年降水量（mm）	1 230	
	常年有效积温（℃）	5 700		常年无霜期（d）	285	
	地形部位	河谷盆地		地块坡度（°）	0	
	海拔高度（m）	952		潜水埋深（m）	300	
	障碍因素	无明显障碍		耕地地力水平	中	
	灌溉能力	保灌		排水能力	中	
	地域分区			熟制分区	一年两熟	
	典型种植制度	稻—蔬菜		产量水平（kg/亩）		
	常年施肥量（折纯，kg/亩）	化肥	N	12.07	P₂O₅	7.5	K₂O	6
		有机肥	N	0.36	P₂O₅	0.9	K₂O	1.8
	田块面积（亩）	72		代表面积（亩）	40	
	土壤代码	GC5		成土母质	石灰岩风化物	
	土类	石灰土		亚类	黄色石灰土	
	土属	黄色石灰土		土种	大泥土	
景观照片拍摄时间：2015年			剖面照片拍摄时间：			

表5-5 耕地调查采样点基本情况记载

采样编号：		采样日期：		采样单位：		采样人：	
地理位置	省（市）名称	贵州	地（市）名称		县名称		
	乡（镇）名称		村组名称		邮政编码		
	纬度（°/′/″）		经度（°/′/″）		海拔高度（m）		
自然条件	地貌类型		地形部位		通常地下水位（m）		
	地面坡度（°）			坡向			
	常年降水量（mm）		常年有效积温（℃）		常年无霜期（d）		
生产条件	农田基础设施		排水能力		灌溉能力		
	水源条件		输水方式		灌溉方式		
土壤情况	土类		亚类		土属		
	土种		俗名		/		/
	成土母质		剖面构型		土壤质地（手测）		
	土壤结构		耕作土/自然土		障碍因素		
	侵蚀程度		耕层厚度（cm）		采样深度（cm）		
土壤环境	生态	水土流失现状		土壤侵蚀类型			
		酸化					
	污染源	工业污染情况		水源污染情况			
		大气污染状况		自然污染源			
备注							

三是为耕地空间数据，建立独立的文件存放空间和标准的命名规则，对不同的空间数据进行分类存储。贵州省耕地空间数据类型包括矢量数据、数字正射影像图、数字栅格地图、数字高程模型等。故为能够通过文件名进行快速识别和存取，命名采取类型+日期时间命名规则，由两部分组成：类型代码+日期时间+.后缀名，其中类型代码矢量数据为VCT、数字正射影像图为IMG、数字栅格地图为RAS、数字高程模型为DEX；日期时间为YYYYMMDD（日期，如20220518）+HHMMSS（时间，如214012）。

二、过程控制

需要对数据入库、收集等工作中的全部关键环节展开控制检查和记录，防止这些环节出现误差，或者传递错误信息等，要严格保障数据库建设过程的可逆转性。

一是坚决推行"一数一源"，对每一项主数据，依据各级机构的行政职能和业务属性来准确识别数据来源。发生数据不一致、冲突时，以数据源的数据为准。

二是对省垂直的系统，优先从省厅局获取数据，地市数据作为参考，对于地市水平的系统，优先从地市获取数据，省厅局数据作为参考。

三是在"一数一源"基础上，使用上下级机构或平行机构的数据和数源单位进行主数据的交叉核对，以提高自然人、法人主数据的及时性、准确性。

四是优先获取库表类型的数据，将文件在省中心内部转换为库表数据，通过接口对关键数据项进行核对。

三、持续改善

需要按照持续改善原则，将其实施应用于数据收集、入库、核查等各个流程中，对每个环节的数据进行改进，从而使得数据质量有所保证。

一是数据管理安全。统一管理策略融入数据流；在端到端数据处理过程中，从数据归集、数据治理到数据共享与服务，每个环节都需要嵌入数据安全管控和数据安全策略的执行。

二是数据隐私保护。基于用户授权、白名单（敏感用户）提供差异化的隐私策略；结合用户权限控制、应用权限控制，提供细粒度数据访问控制及隐私处理策略；提供多种去隐私处理能力（实时流处理、批处理、人机交互处理），满足不同业务应用的需要；提供覆盖整个数据生命周期的隐私保护。

三是数据开放安全。数据资源安全分级、开放策略制定、数据授权机制以及安全合规。

四、质量评定

对数据库内的数据展开质量评价，需要及时、正确的把握数据质量情况，并能够准确发现其中存在的问题，使得数据库建成成果的整体质量有所保障。

一是在自然人、法人主数据管理过程中，需及时识别出数据的质量问题，并及时对问题进行过滤、溯源和修正。对发现的问题数据通过共享交换平台传回数源单位，同时通过工单推送等方式及时知会数源单位进行问题数据修正，形成一个完整的问题数据跟踪和处理流程的闭环。

二是通过把数据质量工单、问题数据与共享交换平台进行了集成，依托共享交换平台的传输通道，将问题数据回传到数据源机构的前置交换区，方便数据源机构对问题数据进行核查。

第三节　数据清理

针对耕地相关数据，包括数值型和文本型，对数值型数据，对数据单位、字段名称、字段格式进行数据清理，文本型字段，则进行字段名称、字段格式和字段内容的规范处理。

并对存在不一致、不完整、不正确、有冗余的问题，进行数据预处理，预处理包括数据清理和数据基本分析。

第一步 缺失值清洗

缺失值是最常见的数据问题，按照以下4个步骤进行。

（1）确定缺失值范围。对每个字段都计算其缺失值比例，然后按照缺失比例和字段重要性，分别制定策略，如图5-1所示。

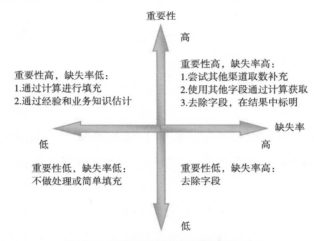

图5-1　缺失比例和字段重要性示例

（2）去除不需要的字段。直接物理删除，但清洗每做一步都备份一下。

（3）填充缺失内容。某些缺失值可以进行填充，方法有以下3种。

①以业务知识或经验推测填充缺失值，如对于地貌类型字段缺失，根据相邻地块地貌类型进行填充。

②以同一指标的计算结果（均值、中位数、众数等）填充缺失值，如有机质字段缺失，根据该数据所在村的有机质与耕地图斑面积进行取加权平均值进行填充。

③以不同指标的计算结果填充缺失值，如乡镇名称字段缺失，将耕地样点表与地区表，按照行政区域代码进行关联，获取乡镇名称进行填充。

（4）重新取数。如果某些指标非常重要又缺失率高，那就需要向取数人员或业务人员了解，是否有其他渠道可以取到相关数据。

第二步 **格式内容清洗**

如果数据是由系统日志而来，那么通常在格式和内容方面，会与元数据的描述一致。而如果数据是由人工收集或用户填写而来，则有很大可能性在格式和内容上存在一些问题，简单来说，格式内容问题有以下几类。

（1）时间、日期、数值、全半角等显示格式不一致。如采样时间记录格式为2022-05-19 21:45:12，而在统一标准中，采样时间格式为日期型YYYY-MM-DD，对时间按照标准格式进行截取为2022-05-19。

（2）内容中有不该存在的字符。某些内容可能只包括一部分字符，如采样编号是数字+字母，最典型的就是头、尾、中间的空格，也可能出现纯数字串中存在字母符号、纯字母串中存在数字符号等问题。这种情况下，需要以半自动校验半人工方式来找出可能存在的问题，并去除不需要的字符。

（3）内容与该字段应有内容不符。姓名写成性别，身份证号写成手机号等，均属这种问题。但该问题特殊性在于并不能简单的以删除来处理，因为成因有可能是人工填写错误，也有可能是前端没有校验，还有可能是导入数据时部分或全部存在列没有对齐的问题，因此要详细识别问题类型。

第三步 **逻辑错误清洗**

通过去重、去除不合理值、修正矛盾内容3个步骤去掉一些使用简单逻辑推理就可以直接发现问题的数据，防止分析结果走偏。

在耕地资源信息数据中心中，对采样数据进行比对，对存在同一采样点的数据，进行比对后，去除相同的数据。若存在不合理数据，如经纬度超出了贵州省最大范围的经纬度，根据现有条件无法进行修改，则删除该数据；修正矛盾内容，比如水稻土为旱地，对该类存在矛盾的数据进行数据清理。

第四步 非需求数据清洗

对不必要的数据字段进行清理，但在删除前先进行数据备份。

第五步 关联性验证

当数据有多个来源，需进行关联性验证，尽量在分析过程中不要出现数据之间互相矛盾。

第四节　数据空间化

一、处理流程

贵州省耕地数据空间化的数据包括空间数据和属性数据，如图5-2所示，空间数据包括耕地资源管理单元图、土壤图、行政区划图、土地利用现状图、耕地地力调查点点位图、地貌类型图、灌溉分区图和等高线图；属性数据包括前期数据清理和耕地资源管理单元属性数据表、土壤类型代码表、行政区基本情况数据表、土地利用现状地块数据表和耕地地力调查点基本情况及化验结果表。

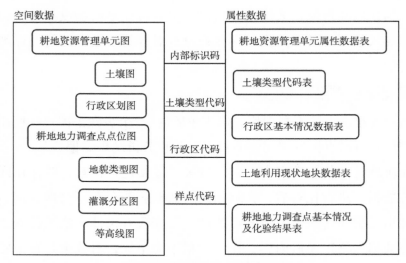

图5-2　贵州省耕地空间数据域属性数据关系

对相关数据分别建立空间数据库和属性数据库，通过关键字将空间数据和属性数据进行关联，制作管理单元图，获取指标数据，对数据进行标准化处理，形成贵州省耕地的空间分布格网图，如图5-3所示。

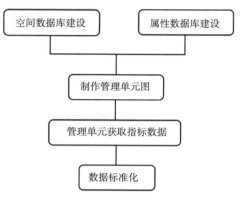

图5-3　贵州省耕地空间数据处理流程

二、空间数据库建设

空间数据是指用来表示空间实体的位置、形状、大小及其分布特征诸多方面信息的数据。

（一）纸质图件和电子图件

通过不同的图件数值化处理步骤，得到能与耕地单元图属性数据进行关联的数字化图件，如图5-4所示。

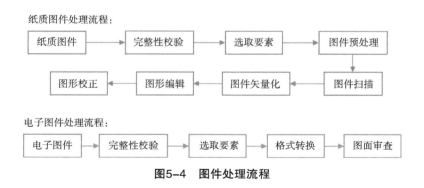

图5-4　图件处理流程

经过拓扑处理，与耕地单元属性数据关联，投影变化、拼接，最终形成图层入库存储，建立贵州省耕地资源空间数据库，如图5-5所示。

图5-5 图件入库流程

土壤图数字化过程，见图5-6。

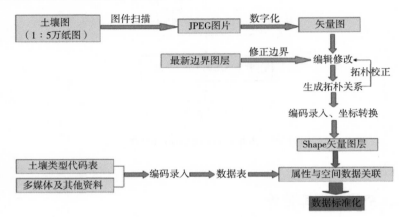

图5-6 土壤图数字化过程

（二）耕地调查点点位图处理

耕地调查点点位包括带GPS定位的点位和不带GPS定位的点位，对于经纬度坐标的点位，直接生成有属性数据的点位图，不带经纬度坐标的点位，通过数字化、坐标转换和编码录入后，进行标注化处理，生成Shape矢量图层，如图5-7所示。

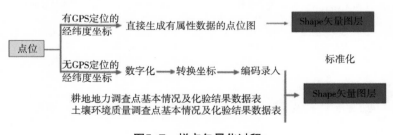

图5-7 样点矢量化过程

三、属性数据库建设

属性数据库中数据包括属性数据表和外部数据表，如行政区划代码表、土壤类型代码表、土壤志、土种志和耕地调查基本情况及化验结果数据表，并利用数据库管理工具，生成Shape、Access等数据格式，如图5-8所示。

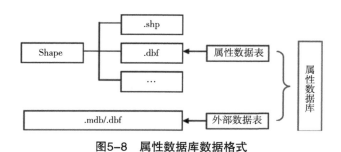

图5-8　属性数据库数据格式

四、耕地管理单元制定

对已经数字化的土壤图、农用地图、行政区划图等图件进行叠加，合成了贵州省耕地管理单元图，如图5-9、图5-10所示。

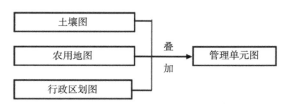

图5-9　管理单元图合成

图5-10　管理单元图叠加示例

　　再通过空间内插、以点代面、属性提取、数据关联等方式与管理单元图指标数据关联，生成带有属性的贵州省耕地管理单元图，如图5-11、图5-12所示。

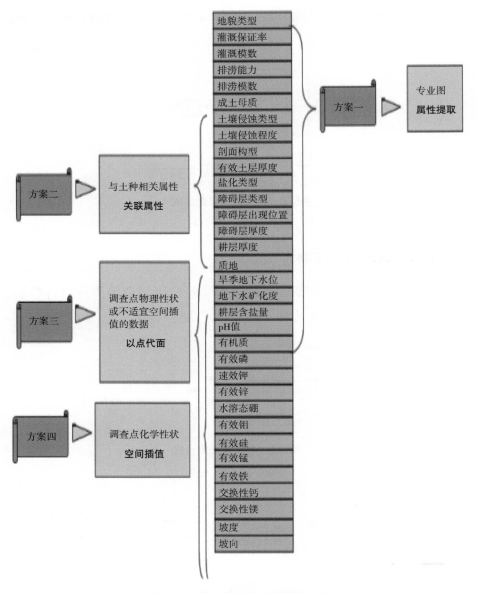

图5-11　耕地管理单元图属性来源

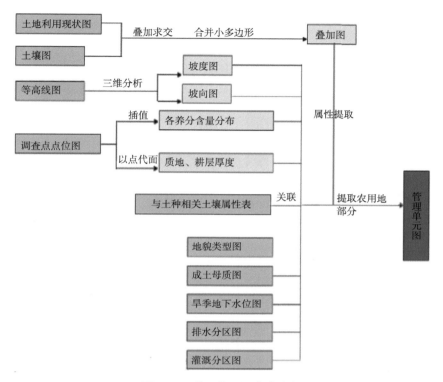

图5-12　管理单元图生成流程

五、标准化处理

对耕地管理单元图中的数据，按照空间数据特点进行分类，建立耕地资源管理单元图和耕地资源管理单元属性数据表，通过内部标识码进行空间数据与属性数据的关联，如图5-13所示。耕地资源管理单元图以Shape格式存入空间数据库，属性数据表以dbf或mdb格式存入SQL Server或Aceess数据库中。

同时，对属性数据表中的字段需要根据字段类型进行标准化处理。数字型字段，需要进行数据单位、字段名称和字段格式的规范，文本型字段除对字段名称和格式需要进行规范外，还需要对字段内容进行标准化处理，否则后期进行数据统计时，存在数据不统一的问题，如图5-14所示。

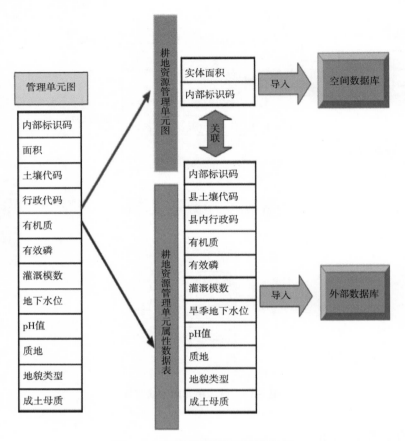

图5-13 耕地管理单元图数据分类

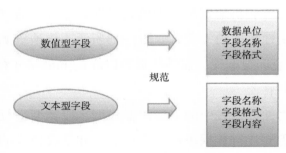

图5-14 分类规范

对数值型字段单位进行规范，如图5-15所示。

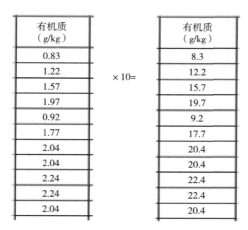

有机质 （g/kg）		有机质 （g/kg）
0.83		8.3
1.22		12.2
1.57	×10=	15.7
1.97		19.7
0.92		9.2
1.77		17.7
2.04		20.4
2.04		20.4
2.24		22.4
2.24		22.4
2.04		20.4

图5-15　数字类型单位规范

对文本型字段内容进行规范，见表5-6。

表5-6　字符类型标准规范

原数据	标准数据
丘陵	风蚀低丘陵
低平岗地	河流低阶地
圩田平原	溶积冲积平原
平岗	平坦河流高阶地
砂砾石岗地	平坦湖蚀高阶地
河谷支盆冲	河流低阶地
洲地	湖积低滩地
滩地	河漫滩
高岗	起伏河流高阶地
高平岗	起伏河流高阶地
高砂土平原	溶积冲积平原

　　耕地资源单元每一条空间要素都要对应一条基本属性记录，基本属性数据与空间实体一一对应，由于空间实体的唯一性，其基本数据也是唯一的，根据平台开发和实际应用的需要，确定本系统属性数据结构包

括耕地基本属性、立地条件、土壤类型、土壤构型、理化性状和微量元素情况。基本属性独立于空间数据之外，需要给空间实体设置唯一的内部标识码，以建立各属性与空间要素的关系，如表5-7、表5-8所示。

表5-7　基本情况、立地条件、土壤类型

基本情况	立地条件	土壤类型
市州名称	海拔（m）	贵州土类
县市区名称	耕地坡度级	贵州亚类
乡镇名称	地貌类型	贵州土属
村组名称	地形部位	贵州土种
地类名称	排水能力	县土种
耕地质量等级	灌溉能力	
	抗旱能力	
	成土母质	
	耕层厚度（cm）	
	有效土层厚度（cm）	

表5-8　土壤构型、理化性状、微量元素

土壤构型	理化性状	微量元素
质地	耕层土壤容重（g/cm^3）	有效铜（mg/kg）
质地构型	有机质（g/kg）	有效锌（mg/kg）
剖面构型	pH值	有效铁（mg/kg）
障碍层类型	全氮（g/kg）	有效锰（mg/kg）
障碍因素	碱解氮（mg/kg）	有效硼（mg/kg）
障碍层深度（cm）	有效磷（mg/kg）	有效钼（mg/kg）
障碍层厚度（cm）	速效钾（mg/kg）	有效硫（mg/kg）
侵蚀程度	缓效钾（mg/kg）	有效硅（mg/kg）
		交换性钙（mg/kg）
		交换性镁（mg/kg）
		阳离子交换量［cmol（＋）/kg］
		水溶性盐总量（g/kg）

第六章

耕地资源信息管理平台建设

第一节　系统介绍

耕地资源信息管理平台是以贵州省耕地资源数据中心资源为基础，结合耕地信息资源系统管理软件和耕地信息资源存储系统，利用计算机网络和通信系统，通过满足用户需求的信息资源加工方法和利用方式，向用户展现资源价值的一种耕地资源信息管理平台架构。

耕地资源信息管理平台，建立了耕地资源分布式的管理、应用和共享服务机制，实时获取互联网、物联网等相关数据，形成多源数据的汇聚、集成与智能分析机制，为耕地资源调查监测评价、耕地空间规划实施监督、资源监管、分析决策、资源服务等应用提供数据支撑和技术保障。构建具有数据管理、系统集成、应用支撑功能的统一的耕地资源信息管理平台，实现数据、应用、业务流程一体无缝集成。

第二节　系统设计

一、面向用户

耕地资源信息管理平台面向用户包括行业用户和公众用户，其中行业用户对特定的功能存在管理员、专家等角色，如表6-1所示。不同的用户及角色对平台需求存在不同，所以不同用户角色存在不一样的功能设计和展示。

表6-1　平台角色权限

用户类别	用户角色	角色描述	备注
管理员类行业用户	省级管理员	管理本省所有功能、用户、数据	除了对权限所属区域内的管理外,具备非管理员类行业用户的全部功能,可以查看、浏览、下载所属区域的相关数据。同时可以进行在线咨询(和公众类用户分开),查看行业资讯(和公众类用户分开)
	市(州)级管理员	管理本市(州)所有功能、用户、数据	
	县(区)级管理员	管理本县(区)所有功能、用户、数据	
非管理员类行业用户	省级	查看、浏览、下载本省相关数据	可以进行在线咨询(和公众类用户分开),查看行业资讯(和公众类用户分开)
	市(州)级	查看、浏览、下载本市(州)相关数据	
	县(区)级	查看、浏览、下载本县(区)相关数据	
公众类用户	普通用户	查看可公开的相关数据,进行在线咨询,使用推荐施肥功能	可以切换省、市、县查看相关数据,注册不需要审核
专家类用户	行业专家	为行业类用户、公众类用户提供在线咨询服务	有单独的移动端
中间类用户	第三方	提供第三方系统平台	以API接口形式对外提供服务,为其提供相关API接口

二、主要功能

贵州省耕地资源信息管理平台,主要功能有如下方面。

1. 关系型数据管理

实现对数据中心中新闻资讯、政策法规、技术知识、土壤墒情、标准规范、文献资料、耕地资源等数据的新增、删除、修改、审核、导入、导出等管理,同时,建立不同数据结构的分类标准,实现数据精准查询。

2. 空间数据管理

如卫星遥感影像、航空拍摄图、数字高程模型、矢量地图等上传、下载、删除管理。

3.数据接口管理

对各类耕地资源数据，根据业务需求，开放灵活多变的数据接口，满足不同用户对数据的需求。

4.用户与权限管理

包括平台用户、数据、接口权限的管理，对不同用户提供不同数据、接口使用权限，保障数据安全。

5.用户操作日志管理

通过用户操作日志分析平台系统服务情况，不断改造和升级服务方式和内容，提升平台服务能力。

三、开发环境

（一）硬件环境

云服务操作系统：Windows Server 2016数据中心版64位中文版；CPU：8核16GB；带宽：10Mbps；系统盘：高性能云硬盘；网络：Default-VPC。

（二）软件开发环境

操作系统：WindowsXP及以上；数据库：MySQL；开发工具包：JDK1.5；Web服务器（或容器）：apache-tomcat-5.5.23；开发平台：Myeclipse；框架：Struts+Spring+Hibernate。

第三节　接口服务

一、地图服务接口

（一）WMS服务：网络地图服务

网络地图服务（Web map service），它是利用具有地理空间位置信息的数据制作地图，其中将地图定义为地理数据的可视化表现，能够根据用户的请求，返回相应的地图，包括PNG、GIF、JPEG等栅格形式，或者SVG或者WEB CGM等矢量形式。WMS支持HTTP协议，所支持的操作是由URL决定的。

WMS提供如下操作。

GetCapabilities：返回服务级元数据，它是对服务信息内容和要求参数的一种描述。

GetMap：返回一个地图影像，其地理空间参考和大小参数是明确定义了的。

GetFeatureInfo：返回显示在地图上的某些特殊要素的信息。

GetLegendGraphic：返回地图的图例信息。

可以想象成在ArcGIS Server上发布一个简单的地图服务。

（二）WMS-C发布预先缓存数据的地图服务

WMS-C全称是Web mapping service-cached，对它完整的定义来源于OSGeo Wiki，2006年在FOSS4G会议上提出讨论，目的在于提供一种预先缓存数据的方法，以提升地图请求的速度，自始至终该标准都没有写入OGC之中。WMS-C通过bbox和resolutions去决定请求的地图层级，为了更加直观地请求地图瓦片，一些软件做了一些改进，例如WorldWind在请求中使用level/x/y 3个参数，直观明了。发布一个普通的地图服务，并给地图服务加上缓存。

（三）TMS切片式地图服务的创建

切片地图服务（Tile map servcie，TMS）定义了一些操作，这些操作允许用户按需访问切片地图，访问速度更快，还支持修改坐标系。WMTS可能是OGC首个支持RESTful访问的服务标准。切片服务，使用之后会使地图访问的速度更快。

（四）WMTS

WMTS（Web map title service）提供了一种采用预定义图块方法发

布数字地图服务的标准化解决方案。WMTS弥补了WMS不能提供分块地图的不足。WMS针对提供可定制地图的服务，是一个动态数据或用户定制地图（需结合SLD标准）的理想解决办法。WMTS牺牲了提供定制地图的灵活性，代之以通过提供静态数据（基础地图）来增强伸缩性，这些静态数据的范围框和比例尺被限定在各个图块内。这些固定的图块集使得对WMTS服务的实现可以使用一个仅简单返回已有文件的Web服务器即可，同时使得可以利用一些标准的诸如分布式缓存的网络机制实现伸缩性。

WMTS接口支持的3类资源如下。

服务元数据（ServiceMetadata）资源（面向过程架构风格下对GetCapabilities操作的响应）（服务器方必须实现）。ServiceMetadata资源描述指定服务器实现的能力和包含的信息。在面向过程的架构风格中该操作也支持客户端与服务器间的标准版本协商。

图块资源（对面向过程架构风格下GetTile操作的响应）（服务器方必须实现）。图块资源表示一个图层的地图表达结果的一小块。

要素信息（FeatureInfo）资源（对面向过程架构风格下GetFeatureInfo操作的响应）（服务器方可选择实现）。该资源提供了图块地图中某一特定像素位置处地物要素的信息，与WMS中GetFeatureInfo操作的行为相似，以文本形式通过提供比如专题属性名称及其取值的方式返回相关信息。

（五）WFS对地理数据的增删改查操作

网络要素服务（WFS）支持用户在分布式的环境下通过HTTP对地理要素进行插入、更新、删除、检索和发现服务。该服务根据HTTP客户请求返回要素级的GML（Geography markup language、地理标识语言）数据，并提供对要素的增加、修改、删除等事务操作，是对Web地图服务的进一步深入。WFS通过OGC Filter构造查询条件，支持基于空间几何关系的查询，基于属性域的查询，当然还包括基于空间关系和属性域的共同查询。

WFS提供如下操作。

GetCapabilities：返回服务级元数据，它是对服务信息内容和要求参数的一种描述。

DescribeFeatureType：生成一个Schema用于描述WFS实现所能提供服务的要素类型。Schema描述定义了在输入时WFS实现如何对要素实例进行编码以及输出时如何生成一个要素实例。

GetFeature：可根据查询要求返回一个符合GML规范的数据文档。

LockFeature：用户通过Transaction请求时，为了保证要素信息的一致性，即当一个事务访问一个数据项时，其他的事务不能修改这个数据项，对要素数据加要素锁。

Transaction：与要素实例的交互操作。该操作不仅能提供要素读取，同时支持要素在线编辑和事务处理。Transaction操作是可选的，服务器根据数据性质选择是否支持该操作。

（六）WCS

网络覆盖服务（WCS）是面向空间影像数据，它将包含地理位置的地理空间数据作为"覆盖（Coverage）"在网上相互交换，如卫星影像、数字高程数据等栅格数据。

WCS提供如下操作。

GetCapabilities：返回服务级元数据，它是对服务信息内容和要求参数的一种描述。

DescribeCoverage：支持用户从特定WCS服务器获取一个或多个覆盖的详细的描述文档。

GetCoverage：可根据查询要求返回一个包含或者引用被请求的覆盖数据的响应文档。

（七）WPS

WPS（Web processing service），Web处理服务，它定义了标准接口，暴露基于URL接口来实现客户端通过Webservice对此类方法的调用，并返回数据，使得空间处理步骤的发布、用户对这些处理的发现和绑定更加容易。

二、业务数据接口

（一）接口搭建

利用Webservice围绕耕地资源中心数据搭建业务数据服务接口，Webservice，也叫XML Webservice，是基于Web的服务，它使用Web（HTTP）方式，接收和响应外部系统的某种请求，可以通过SOAP接收从Internet或者Intranet上的其他系统中传递过来的请求，使用WSDL文件进行说明，并通过UDDI进行注册，不仅实现了跨编程语言和操作系统平台远程调用，也实现了代码和数据的重用。

接口说明文档，如表6-2所示。

表6-2　平台接口示例

接口名称	输入参数	输出参数	描述	调用示例
GetUser	Int userid	User user	根据用户id查询用户信息	User user=GetUser（1）；
InsertUser	User user	Int i	新增用户，i=0新增成功，i=1新增失败	Int i=InsertUser（user）；
DelUser	Int userid	Int i	根据用户id删除用户，i=0新增成功，i=1新增失败	Int i=DelUser（1）；
UpdateUser	User user	Int i	修改用户信息，i=0新增成功，i=1新增失败	Int i=UpdateUser（1）；
GetFarmland	Int userid	Farmland farmland	根据耕地id查询耕地信息	Farmland farmland=GetFarmland（1）；
InsertFarmland	Farmland farmland	Int i	新增耕地，i=0新增成功，i=1新增失败	Int i=InsertFarmland（farmland）；

（续表）

接口名称	输入参数	输出参数	描述	调用示例
DelFarmland	Int userid	Int i	根据耕地id删除耕地，i=0新增成功，i=1新增失败	Int i=DelFarmland（1）；
UpdateFarmland	Farmland farmland	Int i	修改耕地信息，i=0新增成功，i=1新增失败	Int i=UpdateFarmland（1）；
……				

生成接口访问URL：

http://localhost:8080/farmland-jxcx-service/services/settlementServiceImpl?wsdl

（二）接口调用

Java调用Webservice接口主要方法有利用AXIS、SOAP和直接使用eclipse生成客户端3种方法，在贵州省耕地资源管理平台开发中采取AXIS调用远程的Webservice。

```
public void doSelectRiskReportForm（HttpServletRequest request，
HttpServletResponse response）{
try {
    String endpoint=
      "http://localhost:8080/farmland-jxcx-service/services/
      settlementServiceImpl?wsdl";
    Service service = new Service（）；
    Call call=（Call）service.createCall（）；
    call.setTargetEndpointAddress（endpoint）；
    String parametersName= "settle_num"；//参数名//对应的是
    public String printWord（@WebParam（name= "settle_num"）
    String settle_num）；//call.setOperationName（ "printWord"）；
```

//调用的方法名//当这种调用不到的时候，可以使用下面的，加入命名空间名

Call.setOperationName（new QName

（"http://jjxg_settlement.platform.bocins.com/"，"printWord"））；

//调用的方法名

Call.addParameter（parametersName, XMLType.

XSD_STRING，ParameterMode.IN）；//参数名//XSD_

STRING:String类型//输入参数

Call.setReturnType（XMLType.XSD_STRING）；//返回值类型: String

String messag = "123456789"；

String result=（String）call.invoke（new Object[] { message }）；

//远程调用

System.out.println（"result is"+ result）；

} catch（Exception e）{

    System.err.println（e.toString（））；

    }

}

第四节　功能实现

一、用户管理

平台用户来源于应用系统的用户注册，如图6-1所示，也可以在系统中，通过管理员进行新增，注册用户在管理员对注册信息进行审核通过后，才能够正常登陆应用系统。系统管理员拥有用户的修改、删除权限，并可以对注册用户进行数据权限分配。

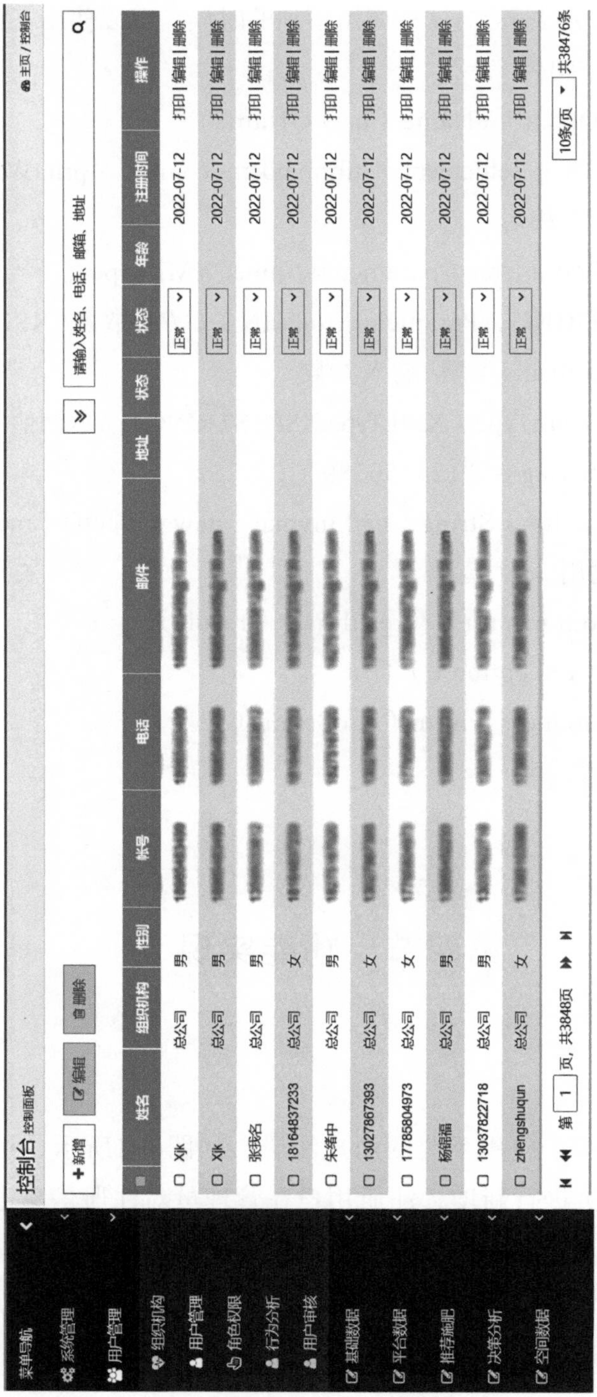
菜单导航
系统管理
用户管理
组织机构
用户管理
角色权限
行为分析
用户审核
基础数据
平台数据
推荐施肥
决策分析
空间数据
控制台 控制面板
主页 / 控制台
新增
编辑
删除
请输入姓名、电话、邮箱、地址
姓名
组织机构
性别
帐号
电话
邮件
地址
状态
状态
年龄
注册时间
操作
Xjk
张我名
18164837233
朱绪中
13027867393
17785804973
杨锟福
13037822718
zhengshuqun
总公司
男
女
正常
2022-07-12
打印 | 编辑 | 删除
第 1 页，共3848页
10条/页
共38476条

图6-1　平台用户管理

二、数据管理

数据管理，包括对平台所有空间数据和业务数据的管理，数据权限分为省、市、县3级，不同层级用户仅拥有所在层级的数据管理和访问权限。

数值型数据，包括除拥有新增、删除和修改功能外，能够进行批量的数据导入和导出，如图6-2所示。

对于富文本数据，编辑上传的文档，管理员需要进行审核通过后，才能发布到对应的应用系统中，且每一条数据设置了所属区域，也就是说该数据仅能在所属区域的行政级别下显示，如图6-3、图6-4所示。

文档型数据，如二普资料、耕地成果等文档型数据，可对文档进行上传下载等文件管理。文件类型包括PDF、WORD、EXCEL、JPG等。不同类型的文件根据后缀名的差异，进行分类存储，如图6-5所示。

空间数据管理，对耕地图斑、休耕图斑等空间数据，根据行政区划代码进行拆分管理，有利于空间数据在前端调用时加载速度的提高，如图6-6所示。

在进行空间数据添加时，需要上传首要加载文件和包含文件，文件类型为Shape格式，如图6-7所示。

点位编码	监测年份	采样日期	市(州)名称	县(市)区名称	乡(镇)街道名称	村名称	组名称	东经	北纬	海拔高度	操作
DS520209	2018	2018-11-08 00:00:00	黔西南布依族苗族自治州	兴义市	白碗窑	海子村	打架梁组	104.7312	25.0486	1568.3	详情|编辑
DS520208	2018	2018-10-26 00:00:00	黔西南布依族苗族自治州	兴义市	则戎	干嘎村	庙坎宿组	105.0072	24.92878	993.4	详情|编辑
DS520207	2018	2018-10-26 00:00:00	黔西南布依族苗族自治州	兴义市	则戎	冷洞村	冷洞组	104.9824	24.88912	1172.5	详情|编辑
DS520206	2018	2018-10-26 00:00:00	黔西南布依族苗族自治州	兴义市	则戎	半边街村	坡子组	104.9346	24.86165	1206.1	详情|编辑
DS520205	2018	2018-10-26 00:00:00	黔西南布依族苗族自治州	兴义市	则戎	花郎村	兴华组	104.9086	24.87679	1182.5	详情|编辑
DS520204	2018	2018-10-26 00:00:00	黔西南布依族苗族自治州	兴义市	则戎	长朝村	闫厂哨组	104.9362	24.90301	1205.3	详情|编辑
DS520203	2018	2018-10-26 00:00:00	黔西南布依族苗族自治州	兴义市	则戎	硐山村	毛草坪组	104.951	24.91749	1116.4	详情|编辑
DS520202	2018	2018-10-26 00:00:00	黔西南布依族苗族自治州	兴义市	则戎	平寨村	五组	104.9576	24.9595	1126.2	详情|编辑
DS520201	2018	2018-11-06 00:00:00	黔西南布依族苗族自治州	兴义市	乌沙	磨舍村	磨舍组	104.7542	25.18642	1447.4	详情|编辑
DS520200	2018	2018-11-05 00:00:00	黔西南布依族苗族自治州	兴义市	清水河	高峰村	红旗二组	104.7749	25.32534	1341.6	详情|编辑

图6-2 平台数值型数据管理

当前位置：首页 > 用户中心 > 行业资讯

	标题	栏目	作者	来源	更新时间	顶置	排序	操作
	科技创新助推黔茶产业健康发展	新闻中心	超级管理员	本站数据		不顶置 ▾	100	编辑 | 删除
	省农科院绿色防控承办中国植物保护学会2019年学术年会取得圆满成功	新闻中心	超级管理员	本站数据		不顶置 ▾	100	编辑 | 删除
	选育新品种、创新种植方式——省农科院畜科助力威宁蔬菜产业发展	新闻中心	超级管理员	本站数据		不顶置 ▾	100	编辑 | 删除
	创新助推黔茶产业健康发展_中国茶叶网咨询网	新闻中心	超级管理员	本站数据		不顶置 ▾	100	编辑 | 删除
	徐进亮到工基关区督导产业结构调整工作	新闻中心	贵州省农业农村厅	贵州省农业农村厅		不顶置 ▾	100	编辑 | 删除
	省农业农村厅召开产业扶贫任务暨战略研讨会议	新闻中心	省农业农村厅产业部办	省农业农村厅产业部办		不顶置 ▾	100	编辑 | 删除
	贵州省出台政策推进春季农业生产和农业企业复工复产	新闻中心	贵州省农业农村厅发展规划处	贵州省农业农村厅发展规划处		不顶置 ▾	100	编辑 | 删除
	省农业农村厅赴毕节工县专题调研税务战次实产业发展	新闻中心	贵州省农业农村厅发展规划处	贵州省农业农村厅发展规划处		不顶置 ▾	100	编辑 | 删除
	省农业农村厅领导班子春节前夕走访慰问离退休老同志	新闻中心	贵州省农业农村厅离退休工作处	贵州省农业农村厅离退休工作处		不顶置 ▾	100	编辑 | 删除

+ 新增   🗑 批删除

请输入文章标题   🔍

个人中心
修改密码
网站配置
数据农业
栏目管理
二普资料
耕地成果
行业资讯

图6-3 平台文本型数据列表

文章管理编辑　　　　　　　　　　　　　— ☑ ×

文章标题	创新助推黔茶产业健康发展_中国茶叶购物网	*	文章类型	图文 ▾
文章公开	公开 ▾		关键字	创新助推黔茶产业健康发展_中国茶叶购物
文章作者	超级管理员			
文章来源	本站数据 ▾		排序	100
			顶置	未顶置 ▾
审核	已审核 ▾		发布日期	🗓
点赞数量	1		点击数量	1

文章头图准备就绪，请选择文件!
未命名　　　　↺ 🗑 ⟳

请选择文件!

≡ H F Ti ⋃ ⤢ ⌀ 𝓘 𝒮 🖼 ↘

主要内容

壮大黔茶科技研究机构作为平台，创新当代创新"智慧茶科技，是促进黔茶产业发展的基础，是促进黔茶产业从面积大省向茶业强省迈进的关键。贵州茶产业的发展进入了"平稳高质、安全高效、技术集成、多元范例"的关键时期，本地特色产品打造中具有典型地方性良种的繁育及推广，地方创新性研究及高效的栽培技术集成应用示范。"干净茶、安全茶"绿色应对加工技术成及创新科技创新示范和应用示范的创新科技创新示范和应用示范推广，将成为贵州省产业发展的动力源泉，对支撑整个茶产业的健康发展起到重要作用。多元化加工应用示范推广、多元化加工应用示范创新示范推广、多元化加工应用示范创新科技创新示范推广，对支撑整个茶产业的健康发展起到重要作用。

图6-4　平台文本型数据新建

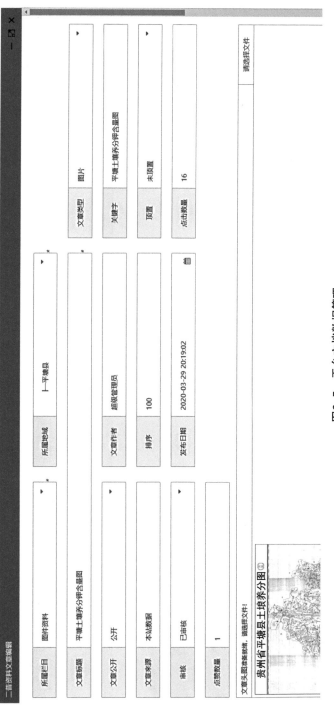

图6-5　平台文档数据管理

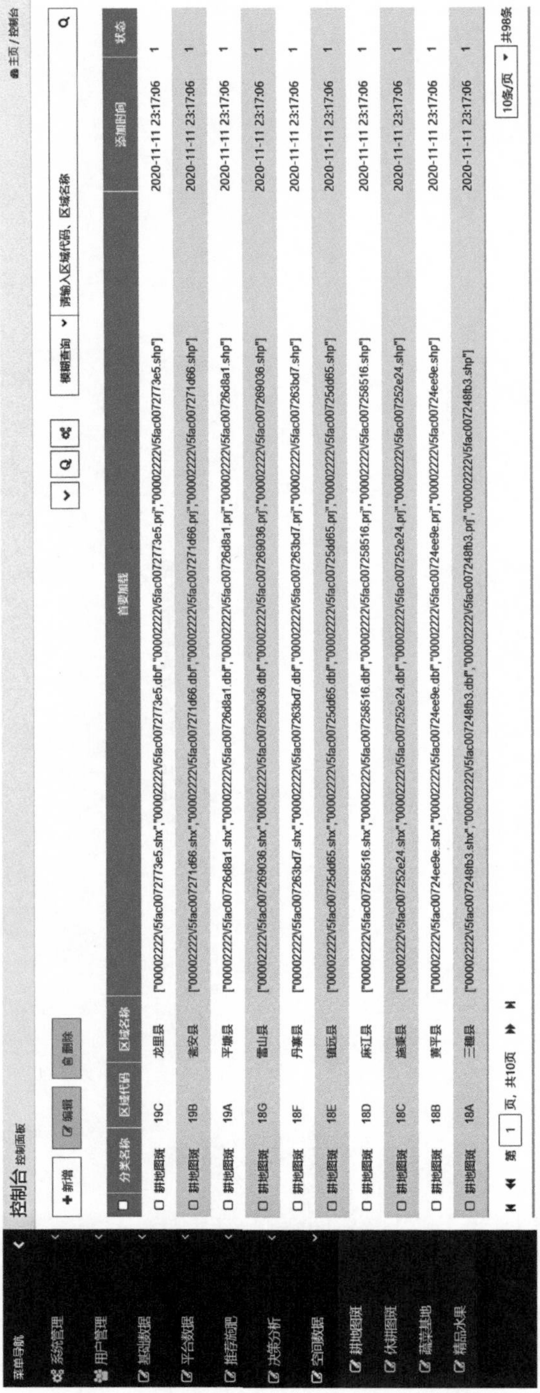

图6-6 平台空间数据管理

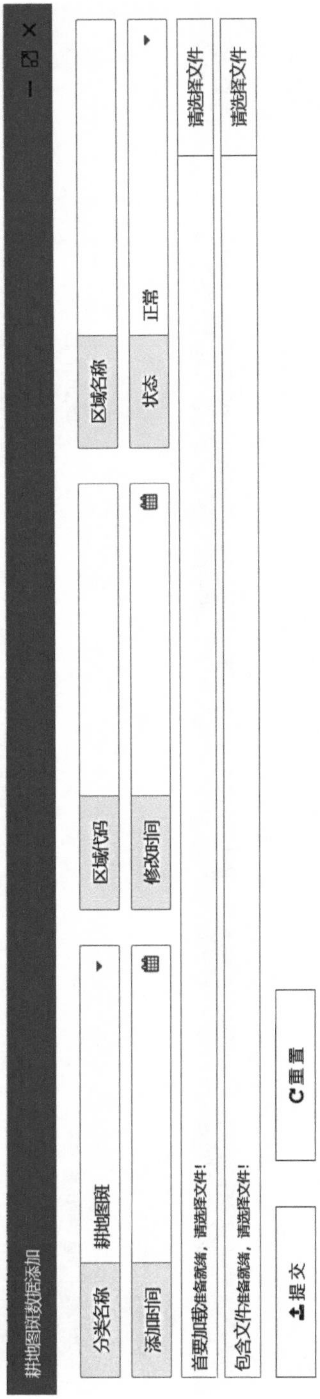

图6-7 平台空间数据添加

三、系统配置

对系统中的变量、模板、参数、表单等进行配置管理，如图6-8所示。如对表单中规范的文本型数据取值，可通过系统进行配置，填写时用户采取下拉框选填方式，有效避免了填写不规范的问题，减少后期数据清理的工作量。

四、栏目管理

根据数据的用途对数据进行分类管理，系统用户查看平台数据时，根据栏目能够快速定位到所需管理数据的位置，同时，可对栏目进行显示控制，实现数据逻辑上的权限控制，图6-9所示。

五、日志管理

日志分为登录日志和操作日志，如图6-10、图6-11所示。

登录日志可查询到用户登录各系统的IP、时间及登录状态，登录不成功用户将记录登陆失败的原因。

操作日志是用户登录系统成功后，在系统中所有的操作轨迹，如访问的栏目、数据名称、上传下载数据情况等，为后期对用户进行数据推送提供数据支撑。

ID	配置名称	配置类型	页面位置	配置描述	添加时间	操作
319	行业资讯banner配置	JSON配置	前台WEB行业资讯栏目	Z1A9	2020-03-23	编辑
318	决策分析banner配置	JSON配置	前台WEB决策分析栏目	Z1A8	2020-03-23	编辑
317	推荐施肥banner配置	JSON配置	前台WEB推荐施肥栏目	Z1A7	2020-03-23	编辑
316	空间数据banner配置	JSON配置	前台WEB空间数据栏目	Z1AB	2020-03-23	编辑
315	耕地成果banner配置	JSON配置	前台WEB耕地成果栏目	Z1A6	2020-03-23	编辑
314	肥效试验banner配置	JSON配置	前台WEB肥效试验栏目	Z1A5	2020-03-23	编辑
313	墒情监测banner配置	JSON配置	前台WEB墒情监测栏目	Z1AA	2020-03-23	编辑
312	土壤重金属banner配置	JSON配置	前台WEB土壤重金属栏目	Z1A4	2020-03-23	编辑
311	土样数据banner配置	JSON配置	前台WEB土样数据栏目	Z1A3	2020-03-23	编辑
310	二普资料banner配置	JSON配置	前台WEB二普资料栏目	Z1A1	2020-03-23	编辑

图6-8 平台系统配置

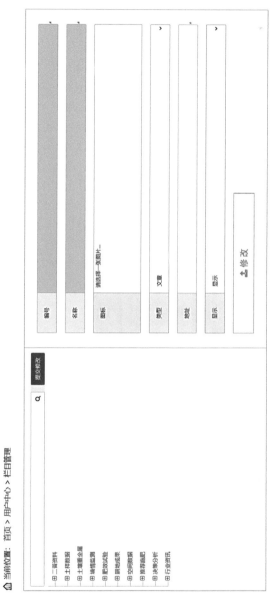

图6-9　平台栏目管理

操作类型	操作用户	操作IP	操作标题	操作内容	时间	操作
登录	admin	117.187.250.140	admin 登录日志	admin 在2022-07-21 17:31:48成功登录系统	2022-07-21 17:31:48	详情|删除
登录	admin	117.187.250.140	admin 登录日志	admin 在2022-07-21 17:31:47成功登录系统	2022-07-21 17:31:47	详情|删除
登录	admin	117.187.250.140	admin 登录日志	admin 在2022-07-21 17:31:47成功登录系统	2022-07-21 17:31:47	详情|删除
登录	admin	117.187.250.140	admin 登录日志	admin 在2022-07-21 17:31:46成功登录系统	2022-07-21 17:31:46	详情|删除
登录	13638003186	222.86.197.243	13638003186 登录日志	13638003186 在2022-07-21 11:20:48成功登录系统	2022-07-21 11:20:48	详情|删除
登录	13638003186	222.86.197.243	13638003186 登录日志	13638003186 在2022-07-21 11:20:48成功登录系统	2022-07-21 11:20:48	详情|删除
登录	13985071807	222.86.197.243	13985071807 登录日志	13985071807 在2022-07-21 11:19:08成功登录系统	2022-07-21 11:19:08	详情|删除
登录	13985071807	222.86.197.243	13985071807 登录日志	13985071807 在2022-07-21 11:19:07成功登录系统	2022-07-21 11:19:07	详情|删除
登录	15985428165	222.86.192.46	15985428165 登录日志	15985428165 在2022-07-21 09:48:29成功登录系统	2022-07-21 09:48:29	详情|删除
登录	15985428165	222.86.192.46	15985428165 登录日志	15985428165 在2022-07-21 09:48:28成功登录系统	2022-07-21 09:48:28	详情|删除

图6-10 平台登录日志管理

菜单导航 ‹

⚙ 系统管理 ⌄

　✦ 系统配置 ‹

　⊙ 日志管理 ⌄

　　➜ 登录日志

　　🖹 操作日志

　≡ 栏目管理 ‹

　🖹 文件管理 ‹

　🗄 数据库管理 ‹

　♺ 数据回收站 ‹

　≡ 数据迁移 ‹

　✦ 系统工具 ‹

👥 用户管理 ‹

🖋 基础数据

🖋 平台数据

🖋 推荐信息

🗑 删除　　　　　　　　　　　　　　　　　　　　　　　　　　　　　　≫　操作的表　　　　　　　🔍

☐	操作类型	操作用户	操作IP	操作的表	日志标题	日志备注	日志时间	操作
☐	添加	6074	117.187.250.140	logging	数据表logging添加	超级管理员在2022-07-21 17:50:37添加数据表logging数据	2022-07-21 17:50:37	详情|删除
☐	添加	6074	117.187.250.140	logging	数据表logging添加	超级管理员在2022-07-21 17:49:09添加数据表logging数据	2022-07-21 17:49:09	详情|删除
☐	添加	6074	117.187.250.140	logging	数据表logging添加	超级管理员在2022-07-21 17:31:50添加数据表logging数据	2022-07-21 17:31:50	详情|删除
☐	添加	38337	117.187.250.140	logging	数据表logging添加	在2022-07-21 17:31:26添加数据表logging数据	2022-07-21 17:31:26	详情|删除
☐	添加	38337	111.85.186.210	userin	数据表userin添加	在2022-07-21 15:41:37添加数据表userin数据	2022-07-21 15:41:37	详情|删除
☐	添加	38337	111.85.186.210	userin	数据表userin添加	在2022-07-21 15:39:05添加数据表userin数据	2022-07-21 15:39:05	详情|删除
☐	添加	38337	111.85.186.210	userin	数据表userin添加	在2022-07-21 15:32:24添加数据表userin数据	2022-07-21 15:32:24	详情|删除
☐	添加	38337	111.85.186.210	userin	数据表userin添加	在2022-07-21 15:31:40添加数据表userin数据	2022-07-21 15:31:40	详情|删除
☐	添加	38337	111.85.186.210	userin	数据表userin添加	在2022-07-21 15:30:30添加数据表userin数据	2022-07-21 15:30:30	详情|删除
☐	添加	38337	111.85.186.210	userin	数据表userin添加	在2022-07-21 15:29:23添加数据表userin数据	2022-07-21 15:29:23	详情|删除

⏮ ⏪ 第 1 页, 共1196页 ⏩ ⏭　　　　　　　　　　　　　　　　　　　　　　　　　10条/页 ▼ 共11953条

图6-11　平台操作日志管理

第六章　耕地资源信息管理平台建设

第七章

应用系统案例

第一节 耕地信息采样系统

一、系统介绍

按照农业农村部统一部署的项目，对贵州省耕地进行土地利用现状、土地质量采样调查，辅助土壤行业人员野外土壤采样，开发贵州省耕地信息采样系统。根据需求制定采样方案，包括采样布点、实施范围、采样时间等，系统按照方案自动生成采样计划和任务，并逐级分发至各级实施单位，采样人员登陆采样微信小程序，到采样地点进行实地采样，实时记录采样具体定位地址、时间、现场照片等，若采样人员超过采样点的电子围栏，将无法记录采样信息。野外采样结束后，将土壤化验结果逐级审核上报，提高了采样位置的准确度，为各种信息服务系统提供数据输入的整个过程。

二、系统设计

（一）系统架构

贵州省耕地信息采样系统，主要利用GIS、计算机、网络信息技术，开发了Web管理模块和微信小程序。系统总体架构分为基础资源层、数据层、服务层、应用层、用户层5层，如图7-1所示。

基础资源层：主要为系统提供稳定可靠的腾讯云服务器、网络带宽、存储设备、安全设备、操作系统及数据库。

数据层：该层包括系统所有角色用户、采样信息、土样化验结果等数据，为服务层提供可靠的数据服务，如数据控制、数据加密、数据传输和数据存储等，是系统的核心所在。

服务层：处于数据层与应用层之间，起到了数据交换中承上启下的作用，根据采样需求，制定采样业务规则，实现采样流程。

应用层：是用户和系统之间交流的桥梁，它一方面为行业人员提供了土壤采样信息交互的工具，另一方面也为显示和提交采样数据实现了一定的逻辑，以便协调用户和系统的操作。

用户层：行业管理员可制定采集方案和数据审核；地区管理员根据收到的计划任务对采样人员进行任务分配、数据审核和数据上报；采样人员接收任务后进行野外采样和化验数据上报。

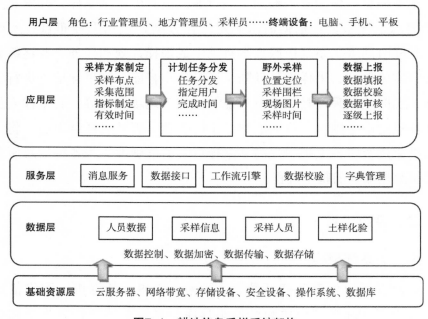

图7-1　耕地信息采样系统架构

（二）业务流程

1. 管理员创建采样计划流程

管理员制定采样方案，系统根据方案执行时间生成采样任务；

地区管理员将任务逐级分发；

采样人员野外采样，土样化验结果数据上报，如图7-2所示。

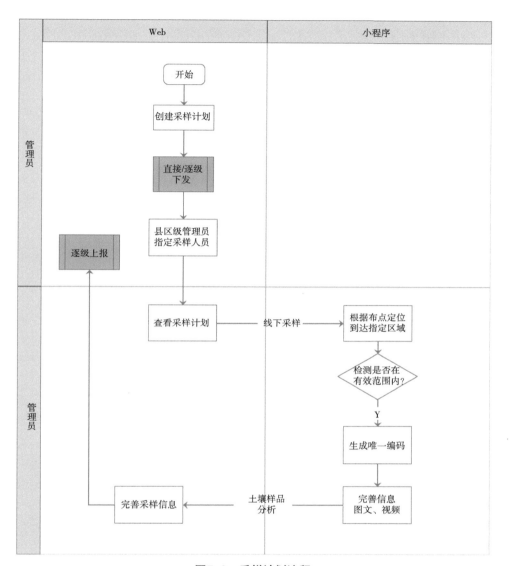

图7-2 采样计划流程

2. 逐级下发子流程

省级管理员下发任务至各个市州管理员；

市州管理员下发任务至各个县管理员；

县管理员指定采样人员进行土样采样，如图7-3所示。

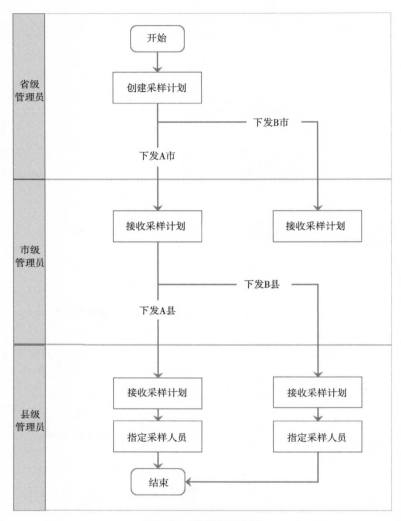

图7-3　采样下发流程

3.逐级上报子流程

采样人员完成采样数据的填写后，先提交到县级管理员审核；

审核不过则驳回到采样人员修改数据，审核通过再上报到市级管理员；

审核不过则驳回到采样人员处，审核通过则上报到省级管理员；

审核不过则驳回到采样人员处，审核通过则该采样数据生效，如图7-4所示。

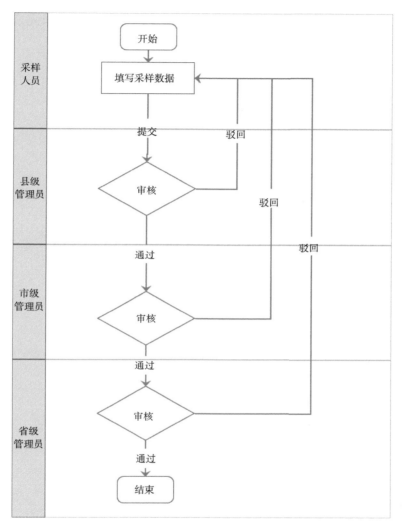

图7-4 采样上报流程

三、系统实现

野外采样——微信小程序端。

（一）采样任务列表

根据登录用户，用户可查看到需要采样的任务列表，任务中包含任务名称、采样范围、采样时间和采样任务数，若采样个数未完成，提示采样人员，如图7-5所示。

图7-5　土壤采样列表

（二）采样任务详细信息

除采样任务的基本信息外，可通过地图查看采样点具体位置，也可通过列表查看采样点完成情况。其中采样范围为采样电子围栏，可设置

10～1 000m以内的数字，当采样点超过电子围栏时，提示不能超过采样范围，采样具体信息不能提交成功，如图7-6所示。

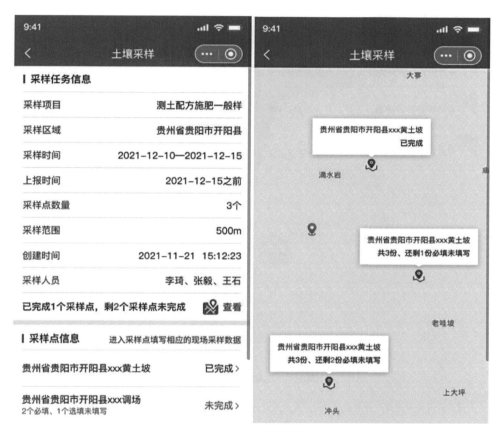

图7-6　土壤采样任务

（三）采样信息录入

对于采样信息录入，针对不同的项目可根据需求制定不同的数据表单，采样人员按照要求选择表单进行数据录入并上报。在数据录入过程中会对数据进行初步校验，如采样日期不能选填为小于当前日期，距离范围不能大于电子围栏等，如图7-7所示。

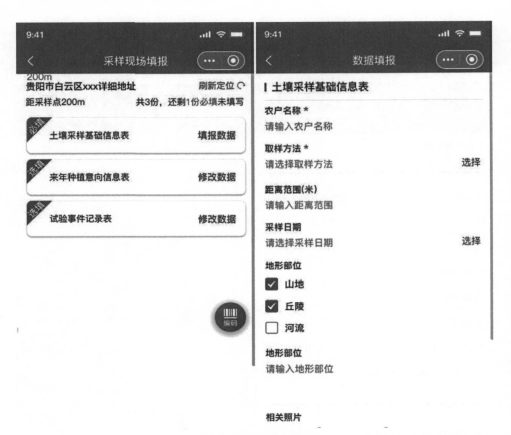

图7-7　土壤采样数据填报

第二节　测土配方施肥系统

一、系统介绍

为了帮助农民实现精细化施肥，依托贵州省耕地单元土壤养分情况、施肥试验数据和施肥推荐模型，基于测土配方施肥技术，利用信息技术构建了不同终端的测土配方施肥系统，测土配方施肥系统为种植户提供合理的施肥方案，在促进节肥增效的同时，保护农业生态环境，保障农产品质量安全，对实现农业可持续发展具有重要意义。该系统由地图推荐施肥、样点推荐施肥、测土配方知识和作物栽培管理等模块组成，可查询浏览精确田块地理位置、立地条件及理化性状等相关信息，并能对任一田块单元因地、因品种或因生产水平提供施肥决策推荐，适用于贵州省山地立体生态条件下的施肥信息咨询服务。施肥推荐系统可提升贵州省耕地养分的信息化管理水平，丰富了测土配方施肥技术的推广手段。系统的应用大大缩短了农技人员手工填写施肥建议卡的时间，降低了农技人员的工作强度，提高了农户对测土配方施肥的认可度和主动领取建议卡的积极性，对扩大测土配方施肥应用范围有促进作用。

二、系统设计

（一）系统架构

测土配方施肥推荐系统，以数据中心中的测土配方施肥数据为数据支撑，面向全省不同层级用户，建立测土配方施肥计算模型，建立配方施肥计算中心、短信中心、短信服务管理中心，实现短信、App、Web多通道施肥推荐，如图7-8所示。短信查询可以分为直接查询和绑定提示查询。直接查询，编辑查询条件，如经纬度、地块编号、样点编号、行政村编号等符合查询格式的短信发送短信中心。绑定提示查询，用户在进行查询时，第一次直接查询将查询条件进行绑定，之后查询可根据绑定查询编号进行再次查询，避免记错经纬度、地块编号、样点编号和行政村编号，也可以避免编辑复杂格式的短信。同时，可由管理员通过短信服务管理中心批量导入绑定，用户无须直接输入经纬度、地块编号、样点编号或行政村编号。

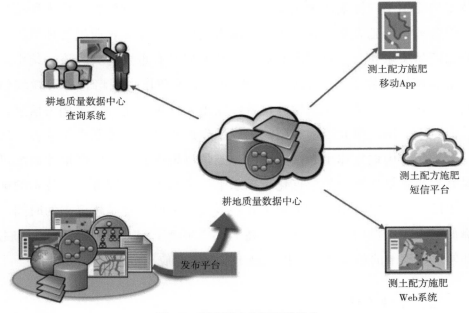

耕地质量数据中心
查询系统

测土配方施肥
移动App

耕地质量数据中心

测土配方施肥
短信平台

发布平台

测土配方施肥
Web系统

图7-8　测土配方施肥系统结构

（二）功能设计

1. 地图推荐施肥

地图推荐施肥是系统的核心内容。系统可对贵州省不同生态条件下主要作物的施肥提供决策咨询。在地图上找到需要查询推荐施肥的地块，根据地块空间数据获取土壤肥力，进行推荐施肥计算。

2. 样点推荐施肥

以耕地样点调查为中心，通过调查样点编号查询样点地块土壤肥力，结合种植作物，通过计算中心进行配方施肥生成和推送。

3. 测土推荐施肥

对于前期未设置采样点调查的或存在肥力空白的地块，人工填入土壤肥力，包括全氮、有效磷、速效钾及地块归属地，提交计算中心，进行推荐施肥推送。

（三）施肥计算方法

施肥计算中心，包括两个部分，一是纯量计算，二是肥料换算。纯量计算有3种计算方式：目标产量、空白产量、前3年平均产量。肥料换算包括肥料有效养分计算和肥料分配运筹。涉及参数表共12个，如表7-1所示。

表7-1 测土配方施肥参数

名称	表名
百千克产量吸收量	sys_fertilizer_absorption
肥料当季利用率	sys_fertilizer_availability
肥料中有效养分含量	sys_fertilizer_content
农作物肥料分配运筹	sys_crop_fertilizer_operation
农作物空白产量与目标产量对应函数	sys_crop_yield_function
农作物前3年平均与目标产量增产率	sys_crop_increase_rate
土壤养分丰缺调整施肥系数	sys_nutrient_ajust_num
土壤养分丰缺指标	sys_soil_nutrient_num
土壤有效养分校正系数	sys_efficacious_nutrient_ratio
推荐施肥范围	sys_commend_fertilizer_range
效应函数法推荐施肥结果	sys_commend_result
输入数据范围	sys_input_data

1. 施肥纯量计算

（1）按目标产量计算。

涉及表单：效应函数法推荐施肥结果

土壤养分丰缺指标

土壤养分丰缺调整施肥系数

第一步：根据目标产量，按照效应函数法中的产量范围，获取该目标产量需要的氮、磷、钾的纯量。

第二步：通过地块的养分，查询获取土壤丰缺程度，根据丰缺指标调整系数进行调整。

第三步：根据推荐施肥范围对纯量进行校验修正，得到最终结果。

（2）按空白产量计算。

涉及表单：农作物空白产量与目标产量对应函数

百千克产量吸收量

肥料当季利用率

土壤养分丰缺指标

土壤养分丰缺调整施肥系数

第一步：根据空白产量，通过空白产量与目标产量对应函数查询对应的目标产量。

第二步：分别计算空白产量和目标产量所需的氮、磷、钾。

第三步：通过获取目标产量与空白产量所需养分差值，结合当季利用率，计算推荐纯量。

第四步：通过地块的养分，查询获取土壤丰缺程度，根据丰缺指标调整系数进行调整。

第五步：根据推荐施肥范围对纯量进行校验修正，得到最终结果。如图7-9所示。

（3）按前3年平均产量计算。

涉及表单：农作物前3年平均与目标产量增产率

百千克产量吸收量

土壤有效养分校正系数

肥料当季利用率

土壤养分丰缺指标

土壤养分丰缺调整施肥系数

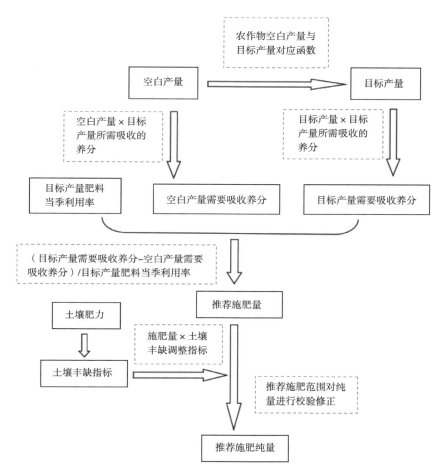

图7-9 测土配方施肥空白产量计算施肥纯量过程

第一步：根据前3年平均产量，通过前3年平均产量增产率计算对应的目标产量。

第二步：计算目标产量所需的氮、磷、钾。

第三步：通过土壤养分系数计算当前土壤能够提供给目标产量的用量。

第四步：计算目标产量所需养分与土壤供肥量差值，结合当季利用率，计算推荐纯量。

第五步：通过地块的养分，查询获取土壤丰缺程度，根据丰缺指标调整系数进行调整。

　　第六步：根据推荐施肥范围对纯量进行校验修正，得到最终结果。
见图7-10。

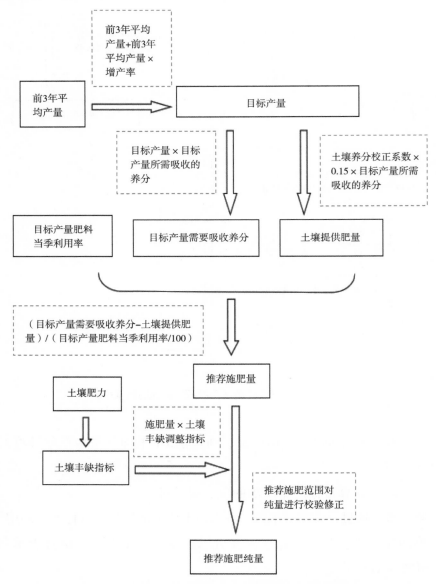

图7-10　测土配方施肥前3年平均产量计算施肥纯量过程

2. 换算成指定的肥料

根据作物不同生长周期所需养分含量，按照肥料养分含量比例进行换算。

涉及表单：农作物肥料分配运筹

肥料中有效养分含量

3. 注意事项

（1）换算为复合肥时，也需要选择单肥，复合肥不能完全满足纯量换算时，需要用单肥补充。

（2）在输入产量时，需要对其进行合理性判断，输入数值不能超过合理值范围。

三、系统实现

以手机端App为例。基于GIS的Android智能手机测土配方施肥离线查询系统，包含测土配方施肥数据（空间数据、属性数据、多媒体数据等）的录入、编辑、输出；数据查询、统计、汇总、计算、分析；专题制作、图件输出；测土配方施肥等数据应用功能。配方施肥计算方式有离线地图推荐施肥、样点推荐施肥和测土推荐施肥3种，均是在离线状态下进行推荐施肥，有效地实现了在户外无网络的环境下，仍然可以进行施肥计算，其中离线地图推荐施肥，是利用GIS离线地图实现原理，通过GPS定位直观地在地图上实现配方施肥计算和推荐，可解决山区无网络情况下GPS定位。

（一）地图推荐施肥

地图推荐施肥，见图7-11，通过GIS工具生成矢量地图作为底图，生成的geodatabase空间数据，实现离线地图，解决了偏远山区无网络、卫星无法定位的问题，通过地图直观地查询到地块的土壤养分含量，根据施肥计算模型计算施肥结果。以土壤测试和肥料田间试验为基础，根据作物需肥规律、土壤供肥性能和肥料效应，在合理施用有机肥料的基础上，提出氮、磷、钾及中微量元素等肥料的施用数量、施肥时期和施肥办法。科学推荐施肥技术的核心是调节和解决作物需肥与土壤供肥之间的矛盾。

图7-11　地图推荐施肥

（二）样点推荐施肥

样点推荐施肥，见图7-12，也是以土壤测试和肥料田间试验为基础，结合项目采样测土化验数据，根据作物需肥规律、土壤供肥性能和肥料效应，在合理施用有机肥料的基础上，提出氮、磷、钾及中微量元素等肥料的施用数量、施肥时期和施肥办法。其核心是调节和解决作物需肥与土壤供肥之间的矛盾。它与地图推荐施肥不同的是可以通过一系列选项指定特定的地块，并进行推荐施肥计算。

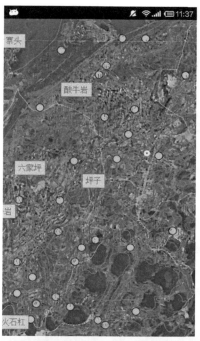

图7-12 样点推荐施肥

（三）测土推荐施肥

测土推荐施肥，如图7-13所示，为了弥补土壤测试和肥料田间试验的空白，根据当前获知的土壤养分含量，通过归属乡镇和施肥模型进行计算推荐施肥。

图7-13 测土推荐施肥

第三节 耕地资源数据管理服务平台

一、系统介绍

贵州省耕地资源数据管理服务平台是实现对贵州省耕地资源信息管

理与决策规划的一项重要内容。本系统通过建立服务平台，实现数据管理、查询统计、推荐施肥、分析评价等功能，通过服务接口，对App、Web、短信、微信等在线/离线终端提供服务。构建辅助贵州省和市、县领导决策，服务于相关科研人员、农技推广人员、合作社和农户的贵州省耕地资源数据管理服务平台。

基于对纷繁复杂的贵州省耕地资源进行统一的管理和高效利用的迫切需求，通过利用计算机技术、网络技术、数据库技术、3S技术等先进技术与耕地资源数据有效结合，建立"贵州省耕地资源数据管理服务平台"。充分发挥地理信息的强大空间数据分析管理功能，实现对耕地资源进行统一的组织和管理、科学推荐施肥、专业的地力评价等，达到科学合理的利用耕地，同时也为农业生产者提供方便的信息服务平台，方便其了解耕地的各项情况，为其合理施肥、提高耕地质量和产量等实践提供信息指导。

二、系统设计

贵州省耕地资源数据管理服务平台，主要基于数据中心的建设，搭建服务平台，预留服务接口，相关科研人员、农技推广人员和农户可通过多个终端实现对数据中心实时数据的获取和结果查询功能。平台的设计目标如下。

一是整合贵州省耕地资源数据管理服务平台，信息化管理耕地资源基础数据，为不同终端提供服务端口。

二是实现多个终端的在线、离线数据访问，实时获取最新耕地资源相关信息。

三是对今后贵州省各区域及国内其他区域农业发展与种植规划提供科学的参考建议。

平台框架如图7-14所示。

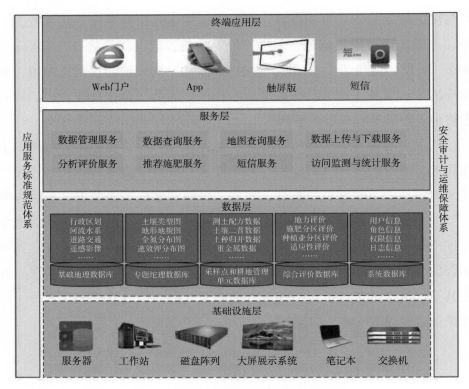

图7-14 耕地资源数据管理服务平台框架

三、系统实现

（一）二普资料

二普资料为第二次土壤普查的成果资料，包括图书、图件及归类表格，通过对资料电子化，分类存储为数字图书、图件资料、土种归并、土壤分类，可对不同类型的数据进行上传下载、查询查阅，实现历史资料的电子化管理，如图7-15所示。

（二）土样数据

土样数据收集了来自不同土壤调查项目的数据，如测土配方施肥、耕地质量、休耕监测等。对调查数据根据地理位置、立地条件、土壤类型、土壤构型、理化性状、微量元素进行分类存储和统一管理，如图7-16所示。

图7-15 耕地资源数据管理服务平台二普资料

首页　二普资料　土样数据　土壤重金属　墒情监测　精准施肥　耕地成果　空间数据　推荐施肥　行业资讯　决策分析

超级管理员

贵州省
贵阳市
遵义市
安顺市
毕节市
铜仁市
六盘水市
黔西南州
黔东南州
黔南州

当前位置：首页 > 土样数据 > 测土配方

新增　删除　导入　导出

请输入统一编号、村名称、农户名称

统一编号	采样目的	采样日期	市州名称	县(市区)名称	乡(镇街道)名称	村名称	东经	北纬	海拔	操作
55400G2G20100504E229	一般农化样	4/5/2010 00:00:00	铜仁地区	玉屏侗族自治县	田坪镇	田坪村委会	109.1224	27.44125	555	详情	编辑
55400G2010052 48031	一般农化样	24/5/2010 00:00:00	铜仁地区	玉屏侗族自治县	平溪镇	马头田村委会	108.92629	27.29063	391.1	详情	编辑
55400G2010050178099	一般农化样	17/5/2010 00:00:00	铜仁地区	玉屏侗族自治县	平溪镇	杨柳村委会	108.85464	27.25376	461.6	详情	编辑
55400G20100505138069	一般农化样	13/5/2010 00:00:00	铜仁地区	玉屏侗族自治县	平溪镇	野牛坪村委会	108.9062	27.2233	396.6	详情	编辑
5535296201 00402A056	一般农化样	2/4/2010 00:00:00	六盘水市	盘县	忠藤镇	半坡村	104.54612	26.06415	1746.2	详情	编辑
5535296201 00402A046	一般农化样	2/4/2010 00:00:00	六盘水市	盘县	忠藤镇	窝塘村	104.56762	26.06046	1820.3	详情	编辑
5535G6G201 01224C057	一般农化样	24/12/2010 00:00:00	六盘水市	盘县	民主镇	遮家寨	104.69138	25.57436	2026.8	详情	编辑
5535G6G2010 1220C011	一般农化样	20/12/2010 00:00:00	六盘水市	盘县	民主镇	窟树村	104.60814	25.60268	1854.6	详情	编辑

图7-16　耕地资源数据管理服务平台土样数据

（三）墒情监测

汇总土壤墒情监测的土壤温度、土壤湿度、空气温度、空气湿度、二氧化碳浓度、风速、风向、光照等数据，并对数据进行列表、图表的直观展示和查询，见图7-17。

（四）肥效试验

收集3414、2+X、同田对比试验和农户施肥情况数据归类存储，根据数据归属地域为不同地区用户提供查询、查看、上传、下载等操作，实现数据空间权限控制，如图7-18所示。

（五）耕地成果

围绕贵州省多年来在耕地上实施的项目、试验取得的成果，汇总全省各市、州及各县不同层级的耕地地力评价、耕地质量等级评价、作物适宜性评价、施肥分区、种植业分区、改良利用分区等相关文本、图件、评价空间等成果，实现在线检索、查阅与上传下载，如图7-19所示。

（六）推荐施肥

基于贵州省土壤资源数据、作物生态分布、作物种植规律，将数据与算法结合，提供水稻、玉米、油菜和马铃薯4种贵州省大宗作物的推荐施肥，包括地图推荐施肥、样点推荐施肥和输入计算施肥3种实现方式，实现精准推荐施肥，满足贵州省施肥需求，如图7-20所示。

（七）行业资讯

汇集与土壤肥料、种植业等相关的国家、地方标准以及相关文件通知、方案要求、科技文献等，为用户提供相关资料的检索、查询、查看、下载等服务，如图7-21所示。

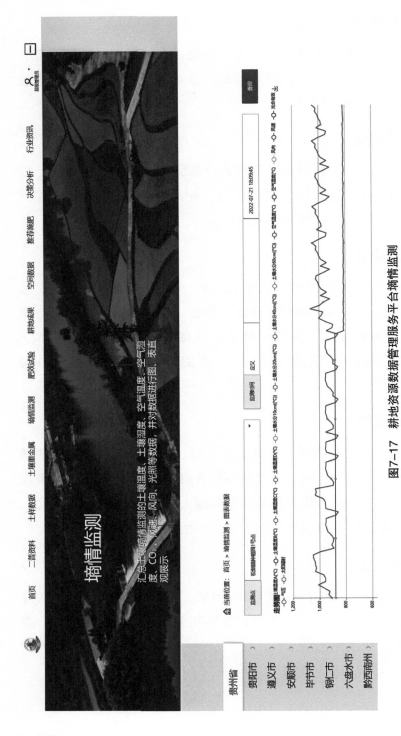

图7-17 耕地资源数据管理服务平台墒情监测

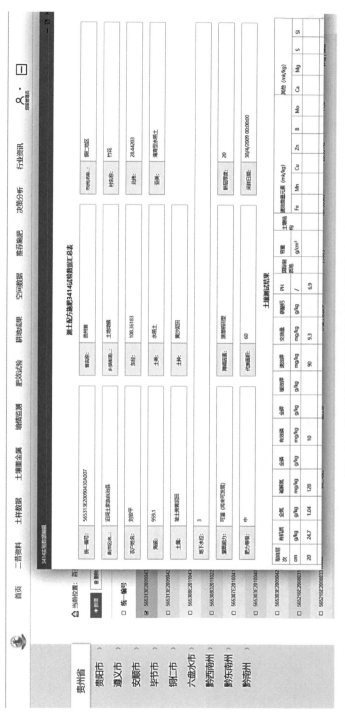

图7-18　耕地资源数据管理服务平台肥效试验

图7-19 耕地资源数据管理服务平台耕地成果

图7-20　耕地资源数据管理服务平台推荐施肥

首页　二普资料　土样数据　土壤重金属　墒情监测　肥效试验　耕地成果　空间数据　推荐施肥　决策分析　行业资讯

精准推荐施肥

数据与算法结合，让科技走进农业生活

基于贵州省土壤资源数据、作物生态分布、作物种植规律，满足针对性施肥需求

地图推荐施肥

以土壤测试和肥料田间试验为基础，通过GPS定位，在地图上选择计算地块计算出施肥数据。

样点推荐施肥

以土壤测试和肥料田间试验为基础，通过样点数据对样点地块进行推荐施肥计算。

输入计算施肥

以土壤测试和肥料田间试验为基础，通过现场测量土壤肥料含量，对该地块进行施肥计算。

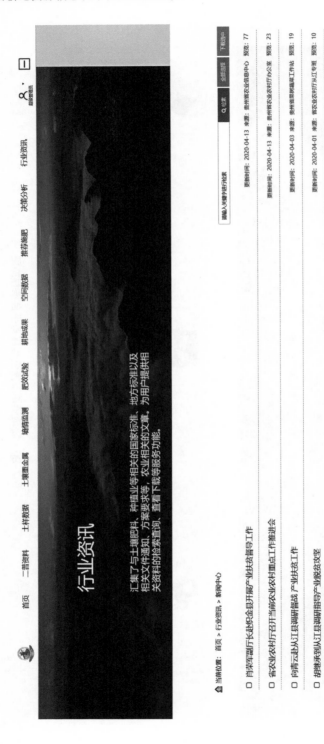

图7-21 耕地资源数据管理服务平台行业资讯

参考文献

陈强文，胡兴军，王强，2012. 国土档案空间化数据质量控制内容及方法研究[J]. 测绘标准化，28（1）：19-21.

陈维榕，童倩倩，李莉婕，等，2016. 基于Android智能手机测土配方施肥离线查询系统的开发[J]. 贵州农业科学，33（3）：4-15.

李莉婕，童倩倩，孙长青，等，2013. GIS支持下的贵州省赫章县耕地地力评价[J]. 贵州农业科学，33（3）：4-15.

李雅箐，2011. 农村经济统计数据空间化研究[D]. 北京：首都师范大学.

廖顺宝，秦耀辰，2014. 草地理论载畜量调查数据空间化方法及应用[J]. 湖北农业科学，33（1）：179-190.

廖一兰，王劲峰，孟斌，等，2007. 人口统计数据空间化的一种方法[J]. 地理学报，62（10）：1110-1119.

廖正武，肖厚军，苏跃，2006. 贵州耕地资源的特点、问题及可持续利用[J]. 耕作与栽培，19（1）：4-6，50.

林闯，薛超，胡杰，等，2017. 计算机系统体系结构的层次设计[J]. 计算机学报，40（9）：1996-2013.

林丽洁，林广发，颜小霞，等，2010. 人口统计数据空间化模型综述[J]. 亚热带资源与环境学报，5（4）：10-16.

刘莉，华建新，易舟，2022. 存量批地空间数据清理、整合技术方法——以安仁县为例[J]. 湖北农业科学，19（1）：91-96.

刘正廉，2019. 基于多源地理数据的精细人口空间化方法研究[D]. 武汉：武汉大学.

任红玉，2021. 贵州典型山区县耕地细碎化评价及整治研究[D]. 贵阳：贵州师范大学.

孙坦，黄永文，鲜国建，等，2021. 新一代信息技术驱动下的农业信息化发展思考[J]. 农业图书情报学报，33（3）：4-15.

吴学明，高才坤，姚伟，等，2017. 城市三维管网运维管理与预警智能系统研发与应用[J]. 资源·环境，39（S2）：345-351.

刑国庆，2021. 吉林省国土资源数据存储与管理研究[D]. 长春：东北师范大学.

杨妮，吴良林，郑士科，2013. 基于GIS的县域人口统计数据空间化方法[J]. 地理空间信息，11（5）：74-77.

易其国，高妍，陈慧婷，等，2021. 喀斯特贫困山区耕地资源生态安全分析——以贵州省为例[J]. 资源·环境，28（1）：19-20.

殷智慧，2014. 三维空间数据存储技术与动态调度机制研究[D]. 长沙：湖南科技大学.

张海珍，马泽忠，2016. 基于GIS的村级尺度统计数据空间化方法与时序分析初探[J]. 湖北农业科学，55（20）：42-45.

附录 主要表单及数据规范

附表1 土壤采样基础信息

表名称					土壤采样基础信息				
表描述			为采样地块基础信息：包括地理位置、自然条件、生产条件、土壤情况、采样基础信息、信息来源						
表字段	序号	字段名称	字段代码	字段类型	字段长度	小数位数	单位	是否唯一	是否可以为空	值域
	1	统一编号		字符型				是	否	
	2	调查组号		字符型				否	是	
	3	采样序号		字符型				否	是	
	4	取样方法		字符型				否	是	
	5	省市名称		字符型				否	否	
	6	地市名称		字符型				否	否	
	7	县区名称		字符型				否	否	
	8	乡镇名称		字符型				否	否	
	9	村组名称		字符型				否	否	

（续表）

表名称										
表描述	为采样地块基础信息：包括地理位置、自然条件、生产条件、土壤情况、采样基础信息									
	土壤采样基础信息									
表字段	序号	字段名称	字段代码	字段类型	字段长度	小数位数	单位	是否唯一	是否可以为空	信息来源	值域
	10	地块名称		字符型				否	否		
	11	农户名称		字符型				否	否		
	12	邮政编码		字符型				否	是		
	13	地块位置		字符型				否	是		
	14	距村距离		浮点型		保留2位小数		否	是		
	15	经度		浮点型		保留5位小数	°	否	否		103°36′~109°35′
	16	纬度		浮点型		保留5位小数	°	否	否		24°37′~29°13′
	17	海拔		浮点型		保留2位小数	m	否	否		147~3 000
	18	地域分区		字符型				否	是		
	19	地貌类型		字符型				否	是		山地、盆地、丘陵、平原、高原
	20	地形部位		字符型				否	是		山间盆地、宽谷盆地、平原低阶、平原中阶、平原高阶、丘陵上部、丘陵中部、丘陵下部、山地坡上、山地坡中、山地坡下

（续表）

表名称					土壤采样基础信息		
表描述		为采样地块基础信息：包括地理位置、自然条件、生产条件、土壤情况、采样基础信息、信息来源					
表字段 序号	表字段名称	字段代码	字段类型	小数位数	单位	是否唯一	是否可以为空	值域
21	地面坡度		浮点型	保留2位小数	°	否	是	大于0
22	田面坡度		浮点型	保留2位小数	°	否	是	大于0
23	坡向		字符型			否	是	
24	通常地下水位		浮点型	保留2位小数	m	否	是	大于0
25	最高地下水位		浮点型	保留2位小数	m	否	是	大于0
26	最深地下水位		浮点型	保留2位小数	m	否	是	大于0
27	常年降水量		浮点型	保留2位小数	mm	否	是	大于0
28	常年有效积温		浮点型	保留2位小数	℃	否	是	大于0
29	常年无霜期		整型		d	否	是	0~366
30	农田基础设施		字符型			否	是	完全配套、配套、基本配套、不配套、无设施
31	排水能力		字符型			否	是	充分满足、满足、基本满足、不满足
32	灌溉能力		字符型			否	是	充分满足、满足、基本满足、不满足

（续表）

表名称	土壤采样基础信息									
表描述	为采样地块基础信息：包括地理位置、自然条件、生产条件、土壤情况、采样基础信息、信息来源									
表字段	序号	字段名称	字段代码	字段类型	字段长度	小数位数	单位	是否唯一	是否可以为空	值域
表字段	33	水源条件		字符型				否	是	水库、井水、河水、湖水、塘堰、集水窖坑、无
	34	输水方式		字符型				否	是	提水、自流、土渠、衬渠、“U”形槽、固定管道、移动管道、简易管道
	35	水源类型		字符型				否	是	地表水、地下水、地表水+地下水、无
	36	灌溉方式		字符型				否	是	漫灌、沟灌、畦灌、喷灌、滴灌、无灌溉条件
	37	农田林网化程度						否	是	高、中、低
	38	生物多样性						否	是	丰富、一般、不丰富
	39	熟制		字符型				否	是	一年一熟 一年二熟 一年三熟

（续表）

表名称	土壤采样基础信息								
表描述	为采样地块基础信息：包括地理位置，自然条件，生产条件，土壤情况，采样基础信息，信息来源								
表字段　序号	字段名称	字段代码	字段类型	字段长度	小数位数	单位	是否唯一	是否可以为空	值域
40	典型种植制度		字符型				否	是	稻，稻—稻，麦—稻，油—稻，稻，麦（油）—稻，麦—玉—薯
41	常年产量水平		字符型			kg/亩	否	是	
42	土类		字符型				否	否	
43	亚类		字符型				否	否	
44	土属		字符型				否	否	
45	土种		字符型				否	否	
表字段　46	俗称		字符型				否	否	
47	成土母质		字符型				否	是	黄土母质，第四纪老冲积物，河湖冲（沉）积物，泥质岩类风化物，碳酸盐类风化物，紫色岩类风化物，结晶岩类风化物，红砂岩类风化物，火山堆积物

（续表）

表名称								
表描述	为采样地块基础信息：包括地理位置、自然条件、生产条件、土壤情况、采样基础信息、信息来源							
表字段								
序号	字段名称	字段代码	字段类型	小数位数	单位	是否唯一	是否可以为空	值域
48	剖面构型		字符型			否	是	薄层型、松散型、紧实型、夹层型、上紧下松型、上松下紧型、海绵型
49	质地构型		字符型			否	是	砂质、泥质
50	土壤类型		字符型			否	是	
51	土壤结构		字符型			否	是	
52	地类名称		字符型			否	是	旱地、水田、水浇地
53	障碍层类型		字符型			否	是	无、黏盘型、铁盘型、潜育型、白土层、砂姜层、盐积层、砂砾层、砂漏层（云南）
54	障碍因素		字符型			否	是	瘠薄、酸化、渍潜、障碍层、无
55	障碍层深度		浮点型	保留2位小数	cm	否	是	大于0
56	障碍层厚度		浮点型	保留2位小数	cm	否	是	大于0
57	侵蚀程度		字符型			否	是	

（续表）

表名称										
表描述	为采样地块基础信息：包括地理位置、自然条件、生产条件、土壤情况、采样基础信息、信息来源									
表字段	序号	字段名称	字段代码	字段类型	字段长度	小数位数	单位	是否唯一	是否可以为空	值域
土壤采样基础信息	58	有效土层厚度		浮点型		保留2位小数	cm	否	是	10～200
	59	耕层厚度		浮点型		保留2位小数	cm	否	是	5～40
	60	采样深度		浮点型		保留2位小数	cm	否	是	0～100
	61	田块面积		浮点型		保留2位小数	亩	否	是	
	62	代表面积		浮点型		保留2位小数	亩	否	是	
	63	产量水平		浮点型		保留2位小数	kg/亩	否	是	
	64	年产量		浮点型		保留2位小数	kg/亩	否	是	
表字段	65	凋萎含水量		浮点型		保留2位小数	%	否	是	
	66	地力等级		字符型				否	是	
	67	技术名称		字符型				否	是	
	68	技术说明		字符型						
	69	采样目的		字符型				否	是	测土配方施肥一般样、测土配方施肥田间试验、休耕监测、茶园土壤采样、耕地质量评价调查、耕地质量监测点、土壤墒情监测点

（续表）

表名称					土壤采样基础信息			
表描述		为采样地块基础信息：包括地理位置、自然条件、生产条件、土壤情况、采样基础信息、信息来源						
	序号	字段名称	字段代码	字段类型	字段长度	小数位数	单位	是否唯一	是否可以为空	值域
表字段	70	采样日期		日期				否	否	
	71	上次采样日期		日期				否	是	
	72	采样单位名称		字符型				否	否	
	73	采样单位联系人		字符型				否	否	
	74	采样单位地址		字符型				否	是	
	75	采样单位邮编		字符型				否	是	
	76	联系人电话		字符型				否	是	
	77	联系人邮箱		字符型				否	是	
	78	联系人传真		字符型				否	是	
	79	采样调查人		字符型				否	否	
	80	景观照片拍摄时间		日期				否	是	
	81	景观照片		图片				否	是	

（续表）

表名称									
表描述	为采样地块基础信息：包括地理位置、自然条件、生产条件、土壤情况、采样基础信息、信息来源								
表字段	序号	字段名称	字段代码	字段类型	字段长度	小数位数	单位	是否唯一	是否可以为空	值域
	82	剖面照片拍摄时间		日期				否	是	
	83	剖面照片		图片				否	是	

附表2 土壤测试

表名称										
表描述	为土壤测试结果汇总：包括土壤物理性状、化学性状，其中包含重金属检测值									
表字段	序号	字段名称	字段代码	字段类型	字段长度	小数位数	单位	是否唯一	是否可以为空	值域
	1	序号		字符型				是	否	
	2	采样年度		字符型				否	是	
	3	取样区域		字符型				否	是	耕地质量监测点：无、肥区、常规施肥区、其他区；休耕：休耕区、对照区
	4	取样层次		字符型				否	是	
	5	层次名称		字符型				否	是	

（续表）

表名称								
表描述					土壤测试			
		为土壤测试结果汇总：包括土壤物理性状、化学性状、其中包含重金属检测值						
表字段	序号	字段名称	字段代码	字段类型	字段长度	小数位数	单位	是否唯一	是否为空	值域
	6	层次深度		整型				否	否	
	7	统一编号		字符型				否	否	
	8	颜色		字符型				否	是	
	9	结构		字符型				否	是	
	10	紧实度		字符型				否	是	
	11	容重		浮点型		保留2位小数	g/cm^3	否	是	
	12	新生体		字符型				否	是	
	13	植物根系		字符型				否	是	
	14	砂粒		浮点型		保留2位小数	%	否	是	
	15	粉粒		浮点型		保留2位小数	%	否	是	
	16	黏粒		浮点型		保留2位小数	%	否	是	
	17	质地		字符型				否	是	
	18	有机质		浮点型		保留2位小数	g/kg	否	是	$2 \sim 80$
	19	铵态氮		浮点型		保留2位小数	mg/kg	否	是	

（续表）

表名称									
表描述	为土壤测试结果汇总：包括土壤物理性状、化学性状，其中包含重金属检测值（土壤测试）								
表字段	序号	字段名称	字段代码	字段类型	字段长度	小数位数	单位	是否唯一	是否为空	值域
	20	硝态氮		浮点型		保留2位小数	mg/kg	否	是	
	21	碱解氮		浮点型		保留2位小数	mg/kg	否	是	
	22	水解氮		浮点型		保留2位小数	mg/kg	否	是	
	23	全氮		浮点型		保留2位小数	g/kg	否	是	0.1~5
	24	有效磷		浮点型		保留2位小数	mg/kg	否	是	
	25	全磷		浮点型		保留2位小数	g/kg	否	是	0.1~350
	26	缓效钾		浮点型		保留2位小数	mg/kg	否	是	50~2 000
	27	速效钾		浮点型		保留2位小数	mg/kg	否	是	10~350
	28	全钾		浮点型		保留2位小数	g/kg	否	是	
	29	pH值		浮点型		保留2位小数		否	是	
	30	碳酸钙		浮点型		保留2位小数	g/kg	否	是	
	31	有效铁		浮点型		保留2位小数	mg/kg	否	是	5~1 000
	32	有效锰		浮点型		保留2位小数	mg/kg	否	是	
	33	有效铜		浮点型		保留2位小数	mg/kg	否	是	0.1~10

（续表）

表名称									
表描述	为土壤测试结果汇总：包括土壤物理性状、化学性状，其中包含重金属检测值								
	土壤测试								
表字段序号	字段名称	字段代码	字段类型	字段长度	小数位数	单位	是否唯一	是否为空	值域
34	有效锌		浮点型		保留2位小数	mg/kg	否	是	0.1~5
35	有效硼		浮点型		保留2位小数	mg/kg	否	是	0.1~10
36	有效钼		浮点型		保留2位小数	mg/kg	否	是	0.01~2
37	有效硫		浮点型		保留2位小数	mg/kg	否	是	5~800
38	有效硅		浮点型		保留2位小数	mg/kg	否	是	5~1000
39	自然含水量		浮点型		保留2位小数	%	否	是	
40	田间持水量		浮点型		保留2位小数	%	否	是	
41	交换性酸		浮点型		保留2位小数	cmol（+）/kg	否	是	
42	阳离子交换量		浮点型		保留2位小数	cmol（+）/kg	否	是	
43	电导率		浮点型		保留2位小数	s/m	否	是	
44	水溶性盐总量		浮点型		保留2位小数	g/kg	否	是	
45	水溶性阴离子_CO_3+HCO_3		浮点型		保留2位小数	g/kg	否	是	
46	水溶性阴离子_Cl		浮点型		保留2位小数	g/kg	否	是	

表字段

（续表）

表名称									
表描述	土壤测试								
	为土壤测试结果汇总：包括土壤物理性状、化学性状，其中包含重金属检测值								
表字段	序号	字段名称	字段代码	字段类型	字段长度	小数位数	单位	是否唯一	是否为空	值域
	47	水溶性阴离子SO₄		浮点型		保留2位小数	g/kg	否	是	
	48	氧化还原电位		浮点型		保留2位小数	mv	否	是	
	49	交换性钙		浮点型		保留2位小数	mg/kg	否	是	
	50	交换性镁		浮点型		保留2位小数	mg/kg	否	是	
	51	全铬		浮点型		保留2位小数	mg/kg	否	是	
	52	全镉		浮点型		保留2位小数	mg/kg	否	是	
表字段	53	全铅		浮点型		保留2位小数	mg/kg	否	是	
	54	全砷		浮点型		保留2位小数	mg/kg	否	是	
	55	全汞		浮点型		保留2位小数	mg/kg	否	是	
	56	全镍		浮点型		保留2位小数	mg/kg	否	是	
	57	含盐量		浮点型		保留2位小数	g/kg	否	是	
	58	盐渍化程度		字符型				否	是	
	59	采样日期		日期				否	是	

· 135 ·

附表3 田间生产情况

表名称	田间生产情况
表代码	
表描述	监测点田间生产情况记录

	序号	字段名称	字段代码	字段类型	字段长度	小数位数	单位	是否唯一	是否为空	值域
表字段	1	序号		字符型				是	否	
	2	统一编号		字符型					否	
	3	茬口		字符型						1.第一季 2.第二季 3.第三季 4.第四季 5.第五季
	4	作物名称		字符型						
	5	品种名称		字符型						
	6	播种日期		日期型						
	7	播种方式		字符型						1.机播或机涌 2.人工播种或人工移栽
	8	收获期		日期型						
	9	耕作情况		字符型						耕、耙、中耕及除草

（续表）

表名称									
表代码									
表描述	田间生产情况　监测点田间生产情况记录								

表字段	序号	字段名称	字段代码	字段类型	字段长度	小数位数	单位	是否唯一	是否为空	值域
	10	降水量		浮点型	保留2位小数	保留2位小数	mm			
	11	灌溉设施		字符型						井灌、渠灌、集雨设施、无
	12	灌溉方式		字符型						漫灌、沟灌、喷灌、滴灌、管灌、无
	13	灌溉量		浮点型	保留2位小数	保留2位小数	m³/亩			
表字段	14	排水方式		字符型						排水沟、暗管排水、强排
	15	排水能力		字符型						充分满足、满足、基本满足、不满足
	16	自然灾害种类		字符型						风、雨、雹、旱、涝、霜、冻、冷
	17	灾害发生时间		日期型						
	18	灾害程度		字符型						

（续表）

表名称			田间生产情况						
表代码									
表描述			监测点田间生产情况记录						
表字段	序号	字段名称	字段代码	字段类型	字段长度	小数位数	单位	是否唯一	是否为空	值域
	19	病虫害种类		字符型						
	20	病虫害发生时间		日期型						
	21	病虫害为害程度		字符型						
	22	病虫害防治方法		字符型						
	23	病虫害防治效果		字符型						
	24	监测单位		字符型						
	25	监测人员		字符型						
	26	联系电话		字符型						

附表4 试验基础信息

表名称	试验基础信息						
表代码							
表描述	包括：3414、2+X试验基础信息						
表字段	序号	字段名称	字段代码	字段类型	字段长度	小数位数	单位	是否唯一	是否可以为空	值域
	1	编号		字符型				是		
	2	试验类型								1. 3414试验 2. 2+X试验（果树） 3. 2+X试验（蔬菜）
	3	试验目的		字符型						
	4	试验原理		字符型						
表字段	5	试验方法		字符型						
	6	作物名称		字符型						
	7	作物品种		字符型						
	8	田间种植_起始日期		日期						
	9	田间种植_结束日期		日期						
	10	特征描述		字符型						
	11	生长季_无霜期		整数			d			

（续表）

表名称		试验基础信息								
表代码										
表描述		包括：3414、2+X试验基础信息								
表字段	序号	字段名称	字段代码	字段类型	字段长度	小数位数	单位	是否唯一	是否可以为空	值域
	12	全年_无霜期		整数型			d			
	13	生长季_有效积温		浮点型		保留2位小数	℃			大于0
	14	全年_有效积温		浮点型		保留2位小数	℃			大于0
	15	前季种植_作物名称		字符型						大于0
	16	前季种植_作物品种		字符型						大于0
	17	前季种植_作物产量		浮点型		保留2位小数	kg/亩			大于0
表字段	18	前季种植_施肥量_N		浮点型		保留2位小数	kg/亩			大于0
	19	前季种植_施肥量_P_2O_5		浮点型		保留2位小数	kg/亩			大于0
	20	前季种植_施肥量_K_2O		浮点型		保留2位小数	kg/亩			大于0
	21	是否代表常年		字符型						1.是 2.否
	22	试验2水平处理的施肥量_N		浮点型		保留2位小数	kg/亩			大于0

（续表）

表名称	试验基础信息								
表代码									
表描述	包括：3414、2+X试验基础信息								
表字段	序号	字段名称	字段代码	字段类型	字段长度	小数位数	单位	是否唯一	是否可以为空	值域
	23	试验2水平处理的施肥量_P_2O_5		浮点型		保留2位小数	kg/亩			大于0
	24	试验2水平处理的施肥量_K_2O		浮点型		保留2位小数	kg/亩			大于0
	25	试验2水平处理的施肥量_名称1		字符型						
	26	试验2水平处理的施肥量1		浮点型		保留2位小数	kg/亩			大于0
	27	试验2水平处理的施肥量_名称2		字符型						
	28	试验2水平处理的施肥量2		浮点型		保留2位小数	kg/亩			大于0
	29	试验2水平处理的施肥量_名称3		字符型						
	30	试验2水平处理的施肥量3		浮点型		保留2位小数	kg/亩			大于0

附表5 试验数据

表名称	试验数据						
表代码							
表描述	包括：3414、2+X等类型试验数据表						
表字段	序号	字段名称	字段代码	字段类型	字段长度	小数位数	单位	是否唯一	是否可以为空	值域

表字段

序号	字段名称	字段代码	字段类型	字段长度	小数位数	单位	是否唯一	是否可以为空	值域
1	编号		字符型				是		
2	试验编号		字符型						试验类型＝"3414试验" 1.1
3	分组		字符型						试验类型＝"2+X试验（果树）" 1. X1, 2. X2, 3. X3, 4. X4 试验类型＝"2+X试验（蔬菜）" 1. X1, 2. X2, 3. X3, 4. X4, 5. X5

（续表）

表名称									试验数据
表代码									
表描述									包括：3414, 2+X等类型试验数据表

表字段序号	字段名称	字段代码	字段类型	字段长度	小数位数	单位	是否唯一	是否可以为空	值域
表字段 4	代码		字符型						试验类型="3414试验" 1. N0P0K0, 2. N0P2K2, 3. N1P2K2, 4. N2P0K2, 5. N2P1K2, 6. N2P2K2, 7. N2P3K2, 8. N2P2K0, 9. N2P2K1, 10. N2P2K3, 11. N3P2K2, 12. N1P1K2, 13. N1P2K1, 14. N2P1K1 试验类型="2+X试验（果树）" 分组="X1" 1. MN0P2K2, 2. MN1P2K2, 3. MN2P2K2, 4. MN3P2K2 试验类型="2+X试验（果树）" 分组="X2" 1. 一次施氮, 2. 分次施氮, 3. 简化施氮 试验类型="2+X试验（果树）" 分组="X3" 1. 常规施肥, 2. 大配方肥, 3. 调整施肥, 4. 新型肥料 试验类型="2+X试验（果树）" 分组="X4" 1. 无中微肥, 2. 施中微肥, 3. 减中微肥 试验类型="2+X试验（蔬菜）" 分组="X1" 1. N0P2K2, 2. N1P2K2, 3. N2P2K2, 4. N3P0K2 试验类型="2+X试验（蔬菜）" 分组="X2" 1. 习惯施肥, 2. 基肥3：7, 3. 全部追肥

（续表）

表名称	试验数据
表代码	
表描述	包括：3414、2+X等类型试验数据表

表字段	序号	字段名称	字段代码	字段类型	字段长度	小数位数	单位	是否唯一	是否可以为空	值域
	4	代码		字符型						试验类型="2+X试验（蔬菜）" 分组="X3" 1.M0N0, 2.M4N0, 3.M3N1, 4.M2N2, 5.M1N3, 6.M0N4 试验类型="2+X试验（蔬菜）" 分组="X4" 1.常规肥水, 2.优化肥水, 3.新技术 试验类型="2+X试验（蔬菜）" 分组="X5" 1.MN0P2K2, 2.MN1P2K2, 3.MN2P2K2, 4.MN3P2K2
	5	处理类型		字符型						试验类型="3414试验" 1.籽粒产量, 2.茎叶产量 试验类型="2+X试验" 1.产量
	6	重复1		浮点型		保留2位小数	kg/亩			
	7	重复2		浮点型		保留2位小数	kg/亩			

（续表）

表名称	试验数据								
表代码									
表描述	包括：3414、2+X等类型试验数据表								
表字段	序号	字段名称	字段代码	字段类型	字段长度	小数位数	单位	是否唯一	是否可以为空	值域
	8	重复3		浮点型		保留2位小数	kg/亩			
	9	重复4		浮点型		保留2位小数	kg/亩			
	10	备注		字符型						

附表6　监测站采集信息

表名称	监测站采集信息								
表代码									
表描述	记录贵州省土壤墒情监测固定无线气象综合自动监测站采集数据与数据集监测点数据								
表字段	序号	字段名称	字段代码	字段类型	字段长度	小数位数	单位	是否唯一	是否为空	值域
	1	序号		字符型				是	否	
	2	统一编号		字符型				否	否	

（续表）

		监测站采集信息								
表名称										
表代码										
表描述		记录贵州省土壤墒情监测固定无线气象综合自动监测站采集数据与监测点数据								
表字段	序号	字段名称	字段代码	字段类型	字段长度	小数位数	单位	是否唯一	是否为空	值域
	3	监测点类型		字符型					否	固定监测点、移动监测点
	4	测定时间		字符型						
	5	土壤含水量 0~20		浮点型		保留2位小数	%			
	6	土壤含水量 20~40		浮点型		保留2位小数	%			
	7	土壤含水量 40~60		浮点型		保留2位小数	%			
	8	土壤含水量 60~100		浮点型		保留2位小数	%			
	9	土壤温度		浮点型		保留2位小数	℃			
	10	空气温度		浮点型		保留2位小数	℃			
	11	相对湿度		浮点型		保留2位小数	%			
	12	光照强度		浮点型		保留2位小数				
	13	太阳总辐射强度		浮点型		保留2位小数	%			

（续表）

				监测站采集信息					
表名称									
表代码									
表描述			记录贵州省土壤墒情监测固定无线气象综合自动监测站采集数据与监测点数据						
表字段	序号	字段名称	字段代码	字段类型	字段长度	小数位数	单位	是否唯一	是否为空	值域
	14	时段降水量		浮点型		保留2位小数	mm			
	15	风速		浮点型		保留2位小数	m/s			
	16	风向		浮点型		保留2位小数	°			
	17	大气压		浮点型		保留2位小数	kPa			
	18	干土层厚度		浮点型		保留2位小数	cm			
	19	阶段无降水天数		整型			d			
	20	阶段有降水天数		整型			d			
	21	阶段降水总量		浮点型		保留2位小数	mm			
	22	阶段灌水次数		整型			次			
	23	灌水量		浮点型		保留2位小数	m³/亩			
	24	作物名称		字符型						
	25	作物生育期		字符型						
	26	作物表象		字符型						

（续表）

表名称	监测站采集信息								
表代码									
表描述	记录贵州省土壤墒情监测固定监测点数据与数据集监测站采集数据无线气象综合自动监测点数据								
	序号	字段名称	字段代码	字段类型	字段长度	小数位数	单位	是否唯一	是否为空	值域
表字段	27	面积比例		字符型						
	28	墒情评价		字符型						
	29	生产指导建议		字符型						
	30	备注		字符型						